# 赋能

## 成长进阶的路上并不烦恼

E M P O W E R I N G

DISC+

DISC双证班社群 编著

人民邮电出版社
北京

图书在版编目（CIP）数据

赋能 : 成长进阶的路上并不烦恼 / DISC双证班社群编著. -- 北京 : 人民邮电出版社, 2018.9
ISBN 978-7-115-48756-8

Ⅰ. ①赋… Ⅱ. ①D… Ⅲ. ①成功心理—通俗读物 Ⅳ. ①B848.4-49

中国版本图书馆CIP数据核字(2018)第207243号

## 内 容 提 要

成长是人生的必修课。无论是身处职场，还是面对生活；无论是为人父母，还是为人师表；无论是人际相处，还是自我突破……我们都经历着成长的喜悦，也面临着成长的烦恼。

本书以“为成长赋能”为主题，以 DISC 行为风格理论为基础，邀请 DISC 双证班优秀毕业生撰写，分为初入职场、职场精进、生活经营、科学教育、潜能开发这 5 篇内容，共 21 篇文章。希望通过作者的启发，帮助读者更从容地应对工作和生活，更融洽地与人相处，更多地发现自己的才华，在成长进阶的路上少走一些弯路。

本书的读者对象为追求个人成长与价值，乐于探索自我的人们，包括初入职场的新人，在职场发展中遇到困惑的职业人士，希望拥有新理念的家长与教师，希望更好经营生活和开发潜能的个人等。

◆ 编　　著　DISC 双证班社群
　责任编辑　朱海昀
　责任印制　马振武
◆ 人民邮电出版社出版发行　　北京市丰台区成寿寺路 11 号
　邮编　100164　　电子邮件　315@ptpress.com.cn
　网址　http://www.ptpress.com.cn
　北京隆昌伟业印刷有限公司印刷
◆ 开本：700×1000　1/16
　印张：15.5　　　　　　2018 年 9 月第 1 版
　字数：248 千字　　　　2018 年 9 月北京第 1 次印刷

定价：49.80 元

读者服务热线：(010)81055256　印装质量热线：(010)81055316
反盗版热线：(010)81055315
广告经营许可证：京东工商广登字 20170147 号

# 序言 Foreword

继已经出版的《通往幸福的路上并不孤单》和《通往成功的路上并不迷茫》后，DISC[1]双证班社群又推出了第三本合集——《赋能：成长进阶的路上并不烦恼》。这本合集以“为成长赋能”为主题，分为初入职场、职场精进、生活经营、科学教育、潜能开发这5篇内容，汇集了DISC双证班优秀毕业生们在各领域的定见与智慧。他们结合各个相关主题，给读者示范如何把DISC理论落地，为读者赋能，帮助读者在人生的征途上不断提高收获幸福的概率。

DISC双证班是由培训师和职业经理人李海峰老师与3000多名毕业生联合创办的有温度、强链接的学习型社群。其成员涵盖了各个行业、各个领域的精英，如古典、秋叶、战隼、李忠秋、彭小六等。

古典老师在《你的生命有什么可能》一书中提到：成长，长成为自己的样子。成长是一段漫长、艰辛又神奇的经历，随着每个人起点和目标的不同，这一过程会绽放出无数的可能。“自己的样子”意味着每个人都有能力创造自己的生命意义，并且实现它。

在成长进阶的路上，要创造并实现自己的生命意义并非一朝一夕、轻而易举的事。善于赋能，将会在很大程度上决定我们和别人的差距。

在成长进阶的路上，人与人之间是不同的。就好比爬山，有的人走得快，有的人走得慢；有的人眼里只有目标，有的人却期待感受情怀。

在成长进阶的路上，我们的身份往往是多重的：为企业管理者、为人

1 DISC 是一种行为分析的方法论和常用工具。
D 即 Dominance，代表支配。
I 即 Influence，代表影响。
S 即 Steadiness，代表稳健。
C 即 Compliance，代表服从。

师、为人友、为人父母……面对多重的角色，我们需要更多的智慧，需要加强“自我效能”。

在成长进阶的路上，每个人都有不可被忽略的才能。也许你是被运动耽误了的设计师，也许你是被外貌掩盖了的演讲达人……不给自己设限，发挥自身潜能，才能遇见更好的自己。

无论是准备求职还是已步入职场，无论是与同事相处还是带领团队，无论是步入婚姻殿堂开始家庭生活，还是成为父母开始亲子互动，我们都需要赋能。善用DISC理论，可以打造职场竞争力、提升管理能力、缔造快乐幸福人生、深耕树人之本、开发自身潜能。每个人都是独一无二的。只有更好地了解自己、理解他人，才能更好地为自己赋能，才能长成为自己的样子。

感谢DISC双证班社群联合创始人李海峰老师创造的出书机会，感谢所有参与合集写作的DISC双证班的毕业生们，感谢第47期毕业生王广所做的封面设计。因为有大家的共同努力，本书才能和大家见面。

陈韵棋

DISC双证班社群华南馆长

2018年6月

目 录
Contents

# 目录
# Contents

# 第 2 篇

# 职场精进 高效提升管理能力

## 05 职场代际管理 ——3 招秒懂“95 后”



## 06 创新管理 ——让员工爱上企业的激励法

目 录

Contents

# 第3篇 生活经营　缔造快乐幸福人生

## 09 快乐旅行——和同频旅伴一起看世界



## 10 婚恋实战——助力摆脱单身，走进婚恋殿堂

目 录
Contents

## 第4篇 科学教育　深耕树人之本

目 录

Contents

## 第 5 篇

# 潜能开发　遇见更好的自己

## 18 高效阅读
## ——一年读书 200 本不是梦



## 19 魅力演讲
## ——善用性格，人人可以燃爆舞台

目 录
Contents

# 引子

## 关于 DISC 理论





本书的理论依据是美国心理学家威廉·摩顿·马斯顿博士在1928年出版的《常人之情绪》一书中提出的DISC理论。他第一次试图将心理学运用到一般人的行为方面，研究人的行为特质有哪些显著的特征，并发现人的行为特征在发生变化的时候，与人的情绪、血压、血液都会发生关联性的变化。他设计了一种可测量4项重要性因子的方法，这4项因子分别为支配（Dominance）、影响（Influence）、稳健（Steadiness）和服从（Compliance）。4个因子的英文缩写为DISC。

DISC 理论有两个维度，第一个维度是：关注人还是关注事；第二个维度是：直接的还是间接的，或者是做事行动快还是行动慢。

### 维度 1：关注人还是关注事

“关注人还是关注事”换句话说，当我们思考一个事情的时候，我们是把焦点放在任务导向，还是人际导向。如果是任务导向，则谈的大部分是与事情有关的，表情相对比较严肃；如果是人际导向的，则比较愿意分享和沟通。

比如，去爬山。有些人，关心行程如何安排：什么时候去，怎么去，去了以后住哪里等；有些人觉得，去哪里不重要，重要的是和谁一起去。

当不同的人组织到一起的时候就形成了一个多元的团体。在一个团队或一个企业里面，我们既需要关注事也需要关注人，在海峰老师的课程理论里叫作“打配合，做组合”。

## 维度 2：直接还是间接

直接：喜欢单刀直入；间接：喜欢委婉过渡。有些人是比较快和主动的，有些人则相对比较慢和被动。

我们还是以爬山为例。有些人讲话快，走路快，观赏景点也很快。有些人讲话慢，走路慢，观赏景点也比较慢。如果和我们一起爬山的人不能同步，往往会让大家都不愉快。这个时候，我们应该从他人的角度出发，多照顾对方。如果对方比较快，自己比较慢，就要加快速度；如果对方比较慢，自己比较快，那就放慢点速度等一等。

根据一个人到底是任务导向还是人际导向，直接还是间接，我们把人的行为风格分为4种。任务导向而且比较直接的是D型特质，人际导向而且比较直接的是I型特质，人际导向而且比较间接的是S型特质，任务导向而且比较间接的是C型特质。下面将结合不同行为特质的人在爬山过程中的表现来说明。

### D 指挥者

D（Dominance），英文本义是支配，代表直接、控制与独断。D型特质的人一方面比较关注事情，另一方面比较主动。所以这类人的目标非常坚定，使命必达，而且速度很快。

**主要特质：**

- 目标很明确，独断，希望控制生活和工作环境，会努力取得并保有掌控他人的权力。如果他们决定要去黄山就一定要去，不允许有其他意见。
- 他们的行动很快，非常独立，往往走在队伍的前面，还没等导游跟上，他已经要走向下一个景点了。他们也不喜欢听命于人，如果需要帮助，也是直接发号施令，而不是请求合作。
- 喜欢挑战，在他们的字典里从来没有“困难”两个字。如果有两条路可以选择，一条平坦一点的，另一条险峻一点的，他们一定会选择险峻一点的那条。

- 他们以结果为导向，不达目标不罢休。

## I 社交者

I（Influence），英文本义为影响，代表着爽朗、友善、外向、激动与热情。有两个词可以用来形容他们：第一个叫“人来疯”，人越多，他越兴奋；第二个叫“自来熟”，不怕与陌生人沟通，俨然朋友一样。D型特质高的人行动很快，关注事情，I型特质高的人行动也很快，但是关注人。

**主要特质：**

- 幽默风趣。在出行的路上，总能听到他们欢喜的笑声和有趣的话题，他们是团队中的开心果。
- 有纯熟的社交技巧以及天生聪明的沟通能力，就算事情没做好，但与他人的关系也能维持不错。
- 热爱交际，喜欢交朋友，喜欢成群结队出行。在一个景点中停留时间长的原因，不是想多看景点几眼，而是在各种自拍和摆拍。
- 总是保持快节奏，凭直觉办事，不太顾及准备和细节。世界那么大，我想出去看看，背起包就走，不喜欢做攻略，比较随性。
- 容易冲动，心直口快，偶尔也会情绪化，但情绪来得快，去得也快。
- 具有即兴、敏捷的思考能力，点子很多，说服力很强，敢于尝试，不喜欢乏味的工作。旅途中能找到各种好玩的地方，而且敢于尝试，走没走过的路。

## S 支持者

S（Steadiness），英文本义是稳健，代表着谨慎、稳定、耐心、忠诚与同情心。S型特质和I型特质都关注人，但相对I型来讲，S型特质会慢一点，比较被动委婉，因为他们会观察别人的感觉和反应，害怕冲突。

**主要特质：**

- 喜好和平，“对不起”是他们的口头禅，对人友善不挑刺，不喜欢与人产生冲突，就算自己有情绪，也会温和地表达或者不表达。如果在旅途中有不同的意见，会服从大家的安排；如果有人插队，也会默不作声。

- 迁就他人，关心他人的问题及感受，特别细心地照顾他人。
- 行动和决策比较缓慢，旅途中常常走得比较慢，喜欢跟随导游的指引。
- 有耐心，忠实可靠，善于扮演支持的角色，出行前会准备药品和防护用品。
- 不善于拒绝别人，具有同情心，能设身处地换位思考，是很好的倾听者。

## C 思考者

C（Compliance），英文本义是服从，代表着组织、细节、事实、精准与准确。他们更关注事情，遇到事情会三思而后行。

**主要特质：**

- 非常讲究逻辑，善于分析过程，讲求事实与细节。在一个景点停留的时间比较长，喜欢关注细节，希望把每个角落都看完。
- 希望通过组织、程序和规章来掌控环境。出行前会做好详细的攻略，而且严格按行程中的时间节点。
- 做决定和采取行动时，显得非常谨慎而迟缓。比如，旅程中要变换行程，他们会先做好各种预案，计划好时间和路线才行动。
- 特别善于用数据和权威来说话，讲究精准。比如，导游在介绍景点的时候会说，这棵树已经100多年了，这口温泉上一次喷泉是60年前，从这里到达山顶还有3千米。
- 喜欢挑刺，对自己和他人的要求很高，很难表扬与鼓励他人，让人觉得比较难亲近。
- 喜欢独处，有个人的空间，不喜欢有过多肢体接触，也能享受独自旅行。
- 追求完美，喜欢不断超越自己，要求明天的自己一定要比今天的自己更好。

DISC是一种行为风格理论，描述的是在环境中的不同行为表现。每个人身上都有 D、I、S、C型4种特质，只是比例不同而已。我们说一个人 D 型特质很高，只是说他的 D 型特质相对其他特质比较突出，不代表没有其他特质。D、I、S、C只是人的特点，本身并没有好坏、对错之分。DISC 是一种提升对人敏感度的工具，可以帮助我们探索自我，又能帮助我们更好地理解他人。

# Part 1

# 第1篇 初入职场 打造职场竞争力

无论是准备求职还是已步入职场，我们都需要为自我而奋斗，为成功而拼搏，在工作中展现自己的独特价值。运用 DISC 理论定位职场竞争优势，管理自身的形象，会帮助我们大放异彩，在日渐更迭的职场环境下立于不败之地。

01

# 高效求职

## ——应聘成功的秘诀

**夏 聪**

- DISC 国际双证班第 36 期毕业生
- DISC 双证班社群北京群主
- 负责某美妆平台社群运营

关注“夏 聪”

# 一
# 运用 DISC 搞定简历





如果你是一个即将步入职场或计划跳槽的求职者，试着想一想你在求职应聘或跳槽应聘时可能面临的主要困难是什么？或许很多人会说，是简历。的确，对于大多数人来说，简历是求职时必须优先解决的难题。

下面就来讲讲如何写出一份让 HR 人员舍不得放弃的简历。

## 这样的求职简历更有竞争力

当我们应聘一个抢手的岗位时，会遭遇许多优秀的竞争者。面试官在从众多简历中筛选合适人才时，由于时间有限，无法逐一阅读简历中的所有信息，此时就需要应聘者用简明的形式将自己的个人优势呈现出来，让 HR 在看到你的简历时眼前一亮，进而产生电话沟通或邀请面试的需求。

总而言之，求职应聘的第一步就是让自己的简历在简历筛选环节中脱颖而出。

简历一般包括基本信息、教育经历、职业技能、自我评价、工作经历和项目经历 6 个部分。一份好的简历通常要能够简洁描述并完整展示这 6 个基本部分的内容，保证页面配色和排版的美观，并方便面试官快速提取重要信息。如图 1-1 所示的两份简历，从面试官的角度来看，第二份更引人注目。

即使不是专门的 HR，在筛选简历时可能都会更偏向于第二份简历。因为第一眼看上去，第二份简历简洁、分明的排版很容易让人心生好感。但一份简历能否为求职者成功带来面试机会，光有美观度还远远不够，求职者自身价值的精确表达也是必不可少的。

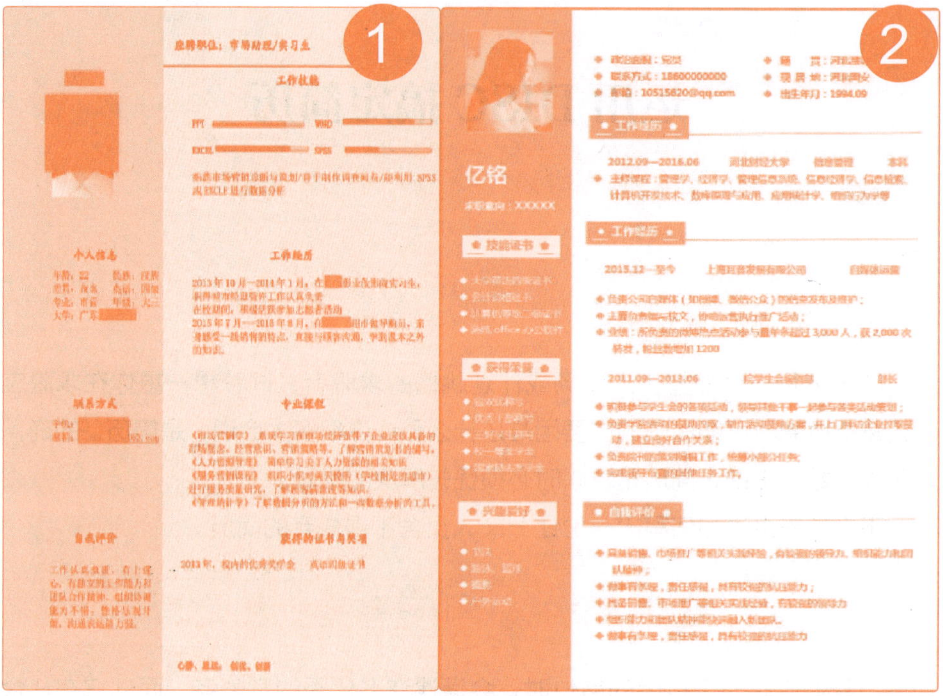


图1-1　两份不同的简历

## 用 DISC 拆解求职简历

我们不妨从 DISC 的角度来拆解一下简历的写作技巧。

DISC 是研究人行为倾向性的理论，主要用于提升对人的敏感度，其本质是了解人的工具，帮助使用者更好地管理自己和影响他人。

DISC 从行动的快与慢、关注人还是关注事两个维度建立了解人的坐标系。

D：指挥者，关注事，行动快。目标明确，反应迅速。

I：影响者，关注人，行动快。热爱交际，幽默风趣。

S：支持者，关注人，行动慢。喜爱和平，迁就他人。

C：思考者，关注事，行动慢。讲究条理，追求卓越。

在明确 DISC 4 种不同特质的典型特征后，再来分析第二份简历有什么与众不同之处。

首先，第二份简历有明确的求职意向、清晰的技能描述和自我定位，同时对工作经历进行了简明扼要的展示，这种形式的表述可以满足 D 型 HR[1] 人员的需求。

其次，从整体的排版、配色和布局来看，第二份简历更加美观，具有一定的个性化，这种形式可以满足 I 型 HR 人员的需求。

再次，工作经历少而精，在同一家公司的工作时间相对较长，性格温和，善于团队合作，这些特质可以满足 S 型 HR 人员的需求。

最后，项目经验倒叙排列，且每个项目经历都用数字化描述，凸显重点，结构清晰，逻辑严谨，这种形式的表述可以满足 C 型 HR 人员的需求。

一份简历如果能同时兼顾 DISC 不同特质的 HR 人员的招聘需求，那这样的简历在应聘市场的竞争力自然不在话下。

总而言之，要想让自己的简历对 HR 人员有足够的吸引力，首先应该有明确的应聘目标，有具体的求职需求。一般来说，在同一个求职平台最好不要投递多份不同求职意向的简历，否则如果凑巧对同一家公司投递了不同类型的简历，简历再漂亮都难以引起 HR 人员的好感。

同时，在外观上，一份好的简历要保证排版整齐、布局和色调统一。在内容上，在进行自我评价时，一定要写与工作相关的正向评价，比如擅长沟通、团队合作意识强等。在编辑工作经历和项目经历这两部分内容时，应该按照时间顺序倒叙排列。在介绍重点项目时，要分清主次，把握重点，详略得当，点线面相结合地进行介绍。

## 二 运用 DISC 搞定面试官

简历通过之后，也表示求职者成功过了 HR 的初步筛选，接下来可能收到电话或邮件形式的面试邀约，然后就需要面对应聘过程中的重要环节——面试。面试机会是我们能求职成功的前提。那么作为一名普通的求职者，该如何搞定面试环节呢？

1 HR 即 Human Resource 的缩写，指与人力资源管理相关的工作。

## 具备基本的面试素质

很多人在进行面试时容易紧张，特别是对于刚迈入职场的新人而言。面试是企业与个人进行双向选择的过程，企业通过面试挑选人才，求职者也要通过面试挑选企业，只有双方都满意的面试，才能真正实现双赢，长久合作。所以面试的时候姿态很重要，既不能太高高在上，也不能过于退让。

面试不是从到达面试地点那一刻开始的，实际上从接到 HR 面试通知时，面试就已经开始了。在接到面试邀请时，基本的礼貌、邮件的及时回复都是必需的，睡眼惺忪地接面试电话是大忌。面试时尽量按照约定时间提前半小时到达，给自己留有余地，千万不能迟到。

到达面试公司时，可以提前有意识地进行观察，从细节处了解这个公司的企业文化，以及与自身的匹配度等。

## 识别不同 DISC 特质的面试官

DISC 是一种了解人的工具，可以帮助我们更好地管理自己和识别他人。在面试时，灵活运用 DISC 有利于我们从面试官的肢体动作、语言习惯、穿着打扮等细节识别出面试官的行为特质和倾向，了解他想在工作中呈现的风格，有针对性地迎合面试官的面试需求，从而使面试过程更加顺利。

### 1 D 型特质明显的霸道总裁型面试官

应对策略：态度谦逊、情绪稳定、听清问题、理清思路、请求建议、主动沟通。

D 型特质明显的面试官，他们的惯用伎俩就是直奔重点、没有寒暄，中间话题转换直截了当，没有缓冲余地。在面试过程中，如果他们没有得到想要的答案就会直接打断求职者，并继续按照自己的节奏推进面试进程。

面对 D 型特质明显的面试官，很多求职者会因为紧张而影响自身的发挥，当面试官的提问让你感觉咄咄逼人时，要告诉自己保持平常心，保持稳定的情绪。一方面，听清面试官的问题，理清思路，这样有利于彰显自己的能力优势。另一方面，主动沟通也是面试官与求职者互相了解的重要步骤。求职者可以主动表达自己的看法，面试官大多会予以回应，从而有利于双方进行双向选择。比如面试软件开发的工作，求职者可以询问开发项目需要什么样的技术等问题，有资历的面试官很容易对这类问题滔滔不绝。

一场面试，面试官在你身上投入的时间成本越高，面试的时间越长，成功的可能性就越大，所以尽量表达自己的看法，与面试官产生更多沟通。如果是刚毕业准备迈入职场的新人，对行业情况不甚了解时，可以聊聊公司的培训体系和人才培养计划等，也可以主动请求面试官给予自身建议，询问自己在哪些方面还需要改进，这样不仅可以缓解紧张气氛，还可以给面试官留下心态好、信心足、虚心讨教的印象。

### ❷ I型特质明显的自来熟型面试官

应对策略：给他存在感、听他说、做听众、眼神交流、耐心等待。

I型特质明显的面试官通常说得多，听得少，兴奋起来手舞足蹈，很多求职者会被他们的热情搞得手足无措。对于这种情绪高涨、极富表现力和感染力的面试风格，比较好的应对办法就是给他存在感，认真听他讲，做一个好听众，同时善用点头、微笑等细微动作表示赞同。即使面试官偶尔停下，也不用急着说话，多等几秒，确认他已经讲述完毕后再进行自我表述。

### ❸ S型特质明显的老好人型面试官

应对策略：向他求助、请他表态。

S型特质明显的面试官的典型面试特点是犹如春风拂面般和蔼可亲，提问时斟词酌句，会十分照顾求职者的感受。要说在各种特质的面试官中，谁擅长“打太极”，那一定是老好人型面试官了。老好人型面试官在面试时，一般会先渲染气氛，热热闹闹地切入正题，会倾听求职者的想法，也会给求职者描绘各种蓝图。但是，老好人型面试官一般不会对求职者的表现进行直接表态，而是先赞扬其优点，再从职业需求出发询问求职者的意见。对于老好人型面试官，可以试着向他求助，请他表态，一旦表态他们就会尽全力遵守承诺。

### ❹ C型特质明显的冷漠学霸型面试官

应对策略：拒绝不确定性和主观性、真实并有条理、讲事实和摆数据。

C型特质明显的面试官的典型面试特点是全程无表情，听得多、说得少，喜欢追问细节。遇到这种类型的面试官，不能妄图蒙混过关。由于他们追求逻辑、关注细节，所以一定要理清自己的思路，按照真实情况有理有条地表述，讲事实摆数据，多用“123”的句式，“可能、大概、我觉得”这种不确定的、主观性强的词尽可能少说，尽量不说。

# 三 成功求职的建议

简历是面试岗位的敲门砖，在竞聘不同岗位时，通常需要在简历上表现出不同的侧重点。

要做到这一点，需要在做简历和面试之前，对公司以及求职的岗位作一个基本了解。比如，一位求职者具有 4 年项目开发经验，1 年项目管理经验，那么在面试技术岗位时，可以弱化管理经验，重点放在项目开发上，适当表述自己“开发 + 管理”的能力。如果是面试管理岗位，则重点强调自己的管理经验，但开发经验的表达也不能丢，比如保持 7 分管理、3 分开发的比例。

良好的表达能力可以为求职者的成功面试提供助力。为了获得更多与面试官沟通的机会，求职者可以在简历中用醒目的形式展示自己的特长和优点，比如，一个有管理经验的项目开发人员在简历中写上“最懂产品运营的程序员”。当面试官注意到这句话且对其表示好奇时，就是求职者切入产品或运营岗位话题的好时机。

在与面试官沟通的过程中，如果交流顺利，求职者可以很容易地获取到面试官需要的应聘信息。当面试官想招一个纯粹的程序员时，求职者在管理、运营等方面的能力就可以进行弱化，面试官不关心的点绝对不提，提了不但没有作用，甚至可能让面试官觉得你不是一个专注的人。如果面试官向求职者了解管理方面的想法和能力，则表示面试官可能对求职者这些方面的能力比较看重，这时求职者可以主动聊一聊自己的项目管理、团队管理等经历。

# 四 转行求职的成功要素

迈入职场后，由于环境、经历、爱好等因素的影响，很多职场人士会选择中途转行，从一个已经熟悉的领域转入一个不够熟悉甚至十分陌生的领域。大多数转行都是基于自身的实际情况和需求而决定的，但在觉察到自己想转行时，一定要先问自己两个问题——我为什么转行？是不是一定要转行？

## 准备转行简历

对于一个已经在某行业积累了相当工作经验的人而言，转行不仅成本高，风险还很大。比如，从开发岗位到运营岗位的零工作经验转行，初期的薪水肯定很低，或许还会与原本的工作形成巨大的物质和心理落差。所以在转行时，一定要认真考虑这些问题，如果仅凭一时冲动转行，那不仅是对自己工作的不负责任，可能还会承担转行失败的后果。

在确认自己要转行之后，为了给转行打下更好的铺垫，让转行之路更加顺利，需要对自己之前的工作经历、能力进行仔细梳理。

与求职应聘一样，转行应聘也需要准备一份能够打动 HR 的求职简历，才能争取到面试的机会。如果缺乏该行业的经历，就要提前做好充分准备。

从企业的角度来讲，面试官都希望能够招到对工作、对岗位比较熟悉，最好有一定工作经验，同时有端正的工作态度，能够帮助公司解决实际问题的人。没有工作经验的求职者，至少也要对岗位有所了解。了解岗位的途径比较丰富，通过网络、书籍都能一定程度地了解到岗位的基本信息。除此之外，也可以询问一些所转行业的专业人士，了解自己原有的工作经历和个人能力在转行后有哪些可以加分的地方，为自己提取更多的转行关键词。

很多时候 HR 会通过求职者的简历关键词搜索简历，如果简历上的关键词正好是 HR 特别需要的，那么简历被 HR 发掘和阅读的概率就会大很多，得到面试机会的概率也会相应提高。一般来说，关键词不用提取太多，求职者一方面要结合自身能力和特点进行提取，另一方面也必须兼顾企业的需求。如果不确定企业的关键需求，可以在招聘网站上查看相关岗位的应聘需求进行提取。

从阅读专业书籍、网课学习、专家指导到完善简历，一步一步对成功转行进行铺垫之后，还需要选择一个资源更多、优势更大的招聘网站。现在的招聘网站类型十分丰富，不同的网站拥有不同的招聘资源和推广方向，投递简历时侧重与自己所转行业匹配甚至具有资源优势的招聘网站，可以为成功转行提供更多机会。将可以突显自己特质和能力的简历投递到招聘网站时，最好选择一些与自己的匹配度较高的岗位，这样更容易得到面试机会。

## 应对转行面试

在收到面试邀请之后，不要急着选择匹配度更高或更想应聘的岗位进行面试，也不要寄希望于即刻就能面试成功，事实上转行应聘的前几次面试，都只是对行业的“试水”。

涉及转行时，由于技能上存在一定短板和缺陷，很难在同行业竞争者中取得优势。因此在前几次面试中，与面试官沟通的过程就是逐步强化自己面试能力的过程。面试结束后，反思自己在面试中的表现，看看有哪些取得了面试官认可的地方，有哪些让面试官顾虑的地方，及时总结经验，为最终希望入职的岗位面试做好准备。同时，在与面试官沟通的过程中，还能够汲取更多关于行业和岗位的知识，也有利于自己做好更有针对性的准备。

当然，面试准备依然是必不可少的。转行的求职者在面试中可能会遇到更多的问题，比如，面试官可能会问到“为什么转行”“工作时间安排”“未来的职业规划”，甚至设计一个具体的工作场景询问求职者解决方案等。这些问题都需要求职者通过阅读、学习和咨询来提前做好准备。比如从技术岗位转到运营岗位的求职者，面试官询问“如何组织策划各种线上线下活动”，那么求职者就可以从组织宣传、提高活动的参与度和活跃度、扩大活动效果，评价活动并复盘等方面进行回答。或者面试官可能也会直接询问活动的具体流程、活动策划活动、活动周期等问题。这些都需要求职者提前做好准备，才能够对答如流。

其实不管是不是转行面试，只有真正用心的准备，才能更容易赢得机会的青睐。在信息过载的时代，很多人因为有太多的选择而苦恼，不知道该走怎样的职业之路。但成长终究是自己的事，没有人可以代替你来完成，所以一旦做了决定，就必须快速行动，才能看到更多的可能性。



### DISC经典

面对不同特质的面试官，要摸清其特质并对症下药，才能获得更多的交流机会，提高面试成功的可能性。

02

# 职场 IP

## ——快速实现职场跃迁

**任敏华**

- DISC 国际双证班第 38 期毕业生
- ACI 国际注册职业培训师
- 现任某再生医学集团人力资源总监
- 原百度高级培训经理

关注“任敏华”

# 一

# IP 与职场 IP

## 什么是 IP



在谈职场 IP 之前，我们先谈谈什么是 IP?

IP 是英文 Intellectual Property 的缩写，也就是知识产权的意思。某部小说、某个综艺节目被改编成电影、电视作品，发行衍生产品等，都可以叫作 IP 或 IP 开发。比如《致我们单纯的小美好》《知否知否，应是绿肥红瘦》等由小说改编而成的电视剧，就属于典型的 IP。

IP 不仅仅是指网络小说或影视作品这种知识产权性的事物。随着网络商业化的发展，人们对 IP 的认识也发生了演变与扩展。某些引起人们强烈关注并带来流量价值的人、事、物也都可被称作 IP。IP 还特指行业或专业领域内的某个领袖人物，像李海峰老师、李忠秋老师等。正如罗振宇对 IP 做出的解释："什么是 IP？即可以摆脱平台束缚，对用户产生吸引力的事物。"可以看出 IP 现在更多的是聚焦于个人的品牌塑造及变现上。只要某样事物能够凭自身的吸引力，挣脱单一平台的束缚，获得多平台的流量，那么，不管它是什么样的存在形式，都可以将其称之为 IP。

果壳网创始人姬十三曾说：世界在不断变化，IP 已经成为新风口。谁更擅长运营 IP，谁就能在未来的竞争中斩获先机。

在职场中，如果一个人能够变成一个特殊的职场 IP，这就代表在整个团队中，他是十分重要甚至是独一无二的。同时，职场 IP 也是个人对自身职场发展的一种探索与定位。职场 IP 的确定，对于人抓住晋升机遇、获得职场跃迁将起到重要作用。



## 什么是职场 IP

职场 IP 就是 IP 在职场环境中的体现。在这里，将其定义为职场个人品牌及其变现能力的总和。

在一个社群中，群主或是某个独特的人就能成为一个 IP，这样的人在群体内实现自己的价值变现。职场相当于一个具有工作属性的社群，人们也能借鉴和运用在社群中打造个人 IP 的方法，在职场中打造自己的专属 IP，展示自己的价值与变现能力。在现代职场中，个人价值与变现从某种程度上是相通的。我们可以简单地理解为：个人价值是内在表现，变现算作外在形式。

职场的变现分为两个部分：一部分是在公司内部，如升职、加薪、获得优秀员工奖励等；另一部分是在公司外部，如跳槽到更高薪酬的平台、由于个人职业领域的经验带来的额外工作机会等。这些都是个人通过自身的价值获取的成果，能帮助个人在职场中获得更好的发展。

因此，打造好职场 IP，不仅可以使我们更有成就感，同时，也是我们提升赚钱能力的重要方法。

## 成为职场 IP 的法则

将 IP 运用在职场中应该遵循一定的经验法则。方法的掌握可以让你走得比别人更轻松。根据某些职场经验以及社群运营的经验，我们可以把这个法则总结为：知能 + 势能 + 引爆点。下面具体讲解。

### 1 掌握丰富的知能

什么是知能？知能就是知识 + 能力。在职场中，知识和能力是有不同层次的。

在职场中要掌握的知识有 4 种，分别是岗位专业知识、公司产品知识、行业知识和通用知识。知识储备得越多，你在职场中就越有竞争力。

**岗位专业知识：**指在某个岗位上所需要运用的专业知识，但是这个知识到了别的岗位可能就不需要了。例如，在培训的岗位上，需要运用心理学的知识，来研究学员的学习动机，以更好地激发学员投入学习。但是如果在技术的岗位上就可能不需要这方面知识了。

**公司产品知识：**即我们所在的企业卖的产品或服务是什么，企业的核心竞争力，企业的愿景、使命、价值观、发展历程等相关的知识。这类知识可以让我们对公司的商业逻辑有更深入的理解，使我们的工作更能从业务的角度思考，提升工作产出的价值。

**行业知识：**指所在的行业的发展趋势、行业特性、行业规律等相关的知识。在职场中，专注在某个行业上的时间越久，你的经验就越宝贵。尤其是在掌握行业知识后，对行业会有更深入的理解和独特的见解，那么，你已经是企业不可多得的专家了。

**通用知识：**即我们常说的通识。这类知识可以让我们与不同领域的人更好地交流。如果通识太窄，通常面临的局面就是话不投机半句多。

除了知识之外，能力的掌握也同等重要。

能力可以分为两种：一种是专业能力，另一种是通用能力。专业能力是指岗位特有的能力，比如针对培训岗位，课程开发就是专业能力。通用能力是指无论什么岗位都需要的能力。比如沟通技巧，无论是做培训还是做销售，都需要沟通技巧。

专业能力能使你扎得更深，通用能力能使你走得更宽，这些都是我们应该掌握的技能，能帮助我们在职场中更好地发展。

## ❷ 具备积极的势能

在掌握丰富的知能以后，还应具备积极的势能。势能就像海中的灯塔，能给每个职场人在事业的道路上指引方向。

**势能 = 趋势 + 动能**

趋势是指职场中的状态。一个良好的职业趋势应该是向上走的，而不是波动或者向下的。那么怎么保证自己有一个向上的趋势呢？首先要保持一种积极、正面的工作态度，它能帮助我们调整工作状态，让我们充满干劲。其次，如果在工作中遇到了不顺心的事，需要好好舒缓自己的情绪，尽量不要背负负面能量，因为负能量不能支撑我们往上走，只会让我们越来越缓慢，甚至是倒退。

动能是指目标和动机。目标清晰、动机明确才能使自己有动力向上走，才能明白该如何走。初入职场时，很多人都比较懵懂，很少有人会给自己预先制定好一个确切的目标与前进方向，普遍的想法都是“刚工作时，还是先学习学习，其他的事情以后再想吧”。这种想法我们不能说错，因为学习肯定是需要的。但是如果你不仅是学习，还能在学习的同时对自己的职业方向和发展有明确的目标与动机，职业成功的概率就会提高，职业成功的速度也会加快。

### ③ 找准自己的引爆点

在职场中仅有知能和势能还是不够的。我们总能看到职场里有一些人，他们经验丰富、个人能力强，但是却不是领导心仪的人选，不容易被晋升或者嘉奖。因为他们太像辛苦劳作的黄牛，默默耕耘，却总是待在一个别人不容易发现的角落，得不到应有的表扬与展现机会。现在的职场给予员工的机会很多，所以员工既要有能力，也要展现自我，这就需要你在拥有知识和能力之后，加入引爆点。

引爆点就是在职场这个带有工作属性的社群中，你通过什么方式，让别人知道你、认可你。引爆点由品牌营销和机会选择组成。品牌营销是你的蓄势以待，一点一滴的累积；机会选择是你的发力点，即选择什么场合、什么方式来一个“闪亮登场”。

某知名互联网公司曾经有一个员工，仅仅用了两年的时间就从管理培训生（管理后备人员）晋升为总监。在这样的大型互联网公司中，他的晋升速度算是非常快的。究其原因，一方面归结于他的工作能力；另一方面，也是更重要的一点在于他找到了自己的引爆点。原来，这位员工以前是学校的电台主播，凭借这样的经历与独特的声音优势，他担任了公司一次重要会议的主持人，在这次会议中给公司高层留下了深刻的印象，获得了更多的关注。因而，后期他的晋升路径相比别人就更短了，这就是引爆点在人们职场发展中的作用。

所以，在职场中如果你决定不再做一个默默潜水的小人物，而是希望成为一个职场 IP，找到适合自己的引爆点是一个关键因素。

# 二

# 不同 DISC 特质的 IP 打造策略

在职场上拥有自己专属的 IP 定位有利于充分展现自己独特的价值，在职场越走越远。结合 DISC，我们可以将人分为 4 种特质，如图 2-1 所示。

图2-1　DISC 4种特质的人

由于每个人都不是只有一种单纯的特质，而是 4 种特质以不同比例的组成，所以打造自己专属职场 IP 的同时，可以主要考虑自己的主要特质，然后适当考虑其他特质，从而找到更适合自己的 DISC 职场 IP 打造方案。

## D 型——行动派，撸起袖子干

D 型职场 IP 打造方法中的优点与注意点总结图如图 2-2 所示。

D 型特质的人，他们的特点是目标感强，行动迅速，是个十足的行动派。其他特质的人在速度上与 D 型的人相比逊色很多。

图2-2　D型打造方法

因此，在知能，也就是知识和能力上，D 型特质的人可以采取的方法是寻找榜样，刻意练习。他们因为目标感比较强，寻找到一个榜样后可以让他们建立起更具体的目标，来对比提升自己的知识储备和能力水平。然后，通过刻意练习，他们可以更有计划、有目标地一点一点获得提升。

在引爆点的品牌营销上，D 型特质的人需要特别注意朋友圈的搭建。无论是在社群还是在职场，善用朋友圈都是很重要、也是最基本的个人 IP 塑造手段。虽然公众号、头条号、简书、知乎，甚至分答、千聊直播等也能帮助个人塑造形象，但职场中每个人的时间都很宝贵，不可能关注所有的媒体平台。所以在大家都喜欢用的朋友圈中塑造个人 IP 就显得更简单和高效了。如果公司有社交 OA（Office Automation, 办公自动化）平台，比如钉钉、金蝶云之家等这类工作黏性更强的平台，那么这类社交平台的搭建还会比朋友圈更重要。也就是说将个人的品牌营销放在最容易让其他人看到的地方。不管是朋友圈还是社交 OA 平台，其品牌搭建方法可以是定期发布每日一语或者某些里程碑事件等。长此以往，同事对你的印象就会受到潜移默化的影响，他们会认识到你是一个坚韧不拔的人，感受到你的 D 型特质。

在机会的选择上，D 型特质的人可以最大限度发挥自己的 D 型特质，来博取公司领导的关注。例如，在参加公司培训的时候，D 型特质的人一定要坐在前排位置，并争取做小组的组长、最佳学员等。进入公司以后，要争取成为公司某个项目的负责人、会议的主持人等，这些都有助于 D 型特质的人职场 IP 的塑造。

D 型特质的人在职场中需要注意的是，切记不要太过于关注自我，太过分强调个人能力，忽略他人的帮助。否则可能将自己塑造成一个“孤胆英雄”的形象，容易给他人以“脱离团队、不团结同事”之感。而在职场中我们都知道，一个人若是脱离了团队，最后也会被团队所孤立，其职业发展也会严重受阻。

## I 型——搞事派，事情不大不开心

I 型职场 IP 打造方法中的优点与注意点总结图如图 2-3 所示。

I 型特质的人的特点是感染力强。他们对情感的感知能力特别强，像是一个“小太阳”，能很容易地影响大家的情绪，营造一种舒心的团队气氛。因此 I 型特质的人在职场中要充分发挥自己的“小太阳”功能。

图2-3　I型打造方法

在知能上，他们可以采用不懂就问的学习方法。I 型特质的人很容易自来熟，对于他们来说没有陌生人，只有未曾认识的朋友，这是他们的优势。这种特有的性格与好人缘能让他们较轻易地与职场中的老员工或者是优秀的同事建立良好的关系。这种人际关系的建立，能帮助他们快速提升。

在势能上，I 型特质的人要保持自己的“小太阳”状态，这样自然就能成为他人瞩目的焦点。若部门有一个 I 型特质明显的同事，如果哪一天她请假没来上班，你会发现整个部门的氛围都会比较冷清，同事也会很想念她。这就是 I 型特质的人其独特职场 IP 的表现。

I 型特质的人在引爆点的品牌营销上，可以充分表达自己的感受，在朋友圈多进行学习打卡，进行强调感受的打卡，这样大家对你的热情会感同身受，同时认可你的 I 型特质。比如 DISC 双证班一次培训之后，很多人都会写简书输出。一般来说，输出字数最多的、图最多的，很可能是 I 型特质的人。

在机会的选择上，I 型特质的人可以抓住成为部门或者公司大型活动策划者、组织者的机会，充分表现自己的创意和组织能力；或者争取成为年会主持人表演节目，让自己有在公司全员面前登台亮相的机会。如果你是位热爱学习和分享的 I 型特质的人，那一定要努力成为公司的内训师，打造属于自己的金字招牌。这些都是对于 I 型特质的人来说非常适合的机会。

I 型特质的人在职场中需要注意的是：避免自己太过于情绪化，或是以自我的喜好来判断他人。如果遇到自己不喜欢的人，可以换个角度去看待他，总能看到别人的闪光点。

## S 型——群众派，陪伴是最长情的告白

S 型职场 IP 打造方法中的优点与注意点总结图如图 2-4 所示。

S 型特质的人的特点是亲和力强。他们是团队中最稳定的基石，最温柔的力量。

图2-4　S型打造方法

在知能上，S 型特质的人可以坚持点滴累积，同时善于总结，每天进步一点点，累积下来也能成就巨大的进步。

在势能上，S 型特质的人不如 D、I 型的人那么耀眼，但是 S 型特质的人善于在潜移默化中影响他人，所以坚持就是力量。在职场中，留下来的老员工，

大部分都是 S 型特质的人，因为陪伴是最长情的告白，在别人都跳槽的时候，只有 S 型特质的人留了下来，于是，他们就成了公司里最有资历的人。

在引爆点的品牌营销上，S 型特质的人可以充分发挥自己的亲和力和善意，多给同事送上鼓励和支持，让同事感受到你的温暖与可靠。另外，也可以给自己制定发朋友圈计划，定期在朋友圈发送动态，保持自己在同事面前的存在感。

在机会的选择上，S 型特质的人可以特别关注关键人物的意图，比如上级领导、公司的决策者等，正所谓机会是给有准备的人。S 型特质的人更容易运用同理心理解他人，所以做好支持不代表没有机会，做好暖心服务，就能很容易在关键时刻体现自己的价值。

S 型特质的人在职场中需要注意的是，不要太安于平淡，也不要习惯于默默无闻。

## C 型——科学派，以专业成就 IP

C 型职场 IP 打造方法中的优点与注意点总结图如图 2-5 所示。

图2-5 C型打造方法

C 型特质的人的特点是逻辑清晰，善于思考。十分看重逻辑，逻辑不通，其他事情就免谈。

C 型特质的人在知能上是有明显优势的，因此可以快速学习，拓展知能的深度和广度。类似于“学霸”的角色，相比于其他特质的人，他们的学习能力更为突出。

在势能上，C 型特质的人可以把自己的趋势与行业做深入的结合，成为行业内的专家。

在引爆点的品牌营销上，C 型特质的人与其他特质相比，更容易呈现出有深度的内容，所以可以在别人只是简单转发一个文章链接的情况下，自己做到带评论转发，把文章的核心观点和内容用自己的话来提炼表达，让别人感觉到你说话的深度。同时，也适合经常做总结，如长期坚持在朋友圈发布月度总结、季度总结、年度总结等。

在机会的选择上，C 型特质的人要以专业取胜，比如运用 PPT 文档展示工作结果时，条理清晰、有理有据就容易给领导留下深刻的印象。其次，可以担任重要会议的纪要人员，若是能做到结构清楚、纪要准确，展示自己的专业性，也能表现出你卓越的工作能力。再比如大胆地提出工作流程中存在的问题以及相应的优化建议等，C 型特质的人在职场的这些方面都更有优势。

有一位“90 后”C 型特质明显的女性，她进入公司的时间也不长，但是她把在社群中学习到的手绘思维导图运用在了某次跨部门会议中，简洁明了的思维导图给参加会议的几个部门领导留下了深刻的印象，大家纷纷向她请教思维导图的画法，顺利打响了她在公司的知名度。

C 型特质的人在职场中需要注意的是，不要过于理性、只顾思考事情而忽略了人际关系，对同事冷漠、拒人于千里之外的态度是不可取的。

## 三 运用 DISC 打造职场 IP 的要点



不管你是哪种特质的人，在打造个人的职场 IP 时，还应该综合应用如图 2-6 所示的 DISC 4 要素理论，让整个职场 IP 的打造方法更科学，更简单，也更适合自己的特点。

图2-6　DISC 4要素理论

### 1 D：目标明确

要打造好职场 IP，首先要建立明确的目标，知道自己想要什么、要向谁学习、想成为什么样子等。有了明确的目标，你才有明确的努力方向和动力，然后凭借这股目标与信念，在成为职场 IP 的路上充满勇气、一路前行。

## ❷ I：精彩表现

一旦确定了职场 IP 的目标，就要把握住一切能抓住的机会登台亮相，这就是你的引爆点。这时候一定要充分运用 I 型特质，因为一旦你选择登台，就没有后路去退缩。而且，很有可能引爆点的机会只有一次，错过了很难再现，所以要表现就一定要精彩。

## ❸ S：亲和融洽

有良好的同事关系，才能站得更稳、更高。职场中的每一个企业，都是由人来组成的，所以人与人之间的交流、与同事之间保持的融洽关系是建立职场 IP 的必备要素。如果你只做技术，埋头苦干，最终只能成为孤胆英雄，而不是职场 IP。

## ❹ C：专业极致

想要做 IP，除了大家的认可之外，还需要自身的累积，如果没有丰富的知能，可能会抓住一次机会，却不能次次抓住机会，所以自己的知能累积非常重要。

如果你做好了 DISC 这 4 方面的要素，那么成为职场 IP 只是时间和机会的问题。在职场之中，每一个人的表现与可能获得的晋升并不是按部就班的，所以一定要思考如何在职场中让自己脱颖而出，成为一个 IP。



### DISC+经典

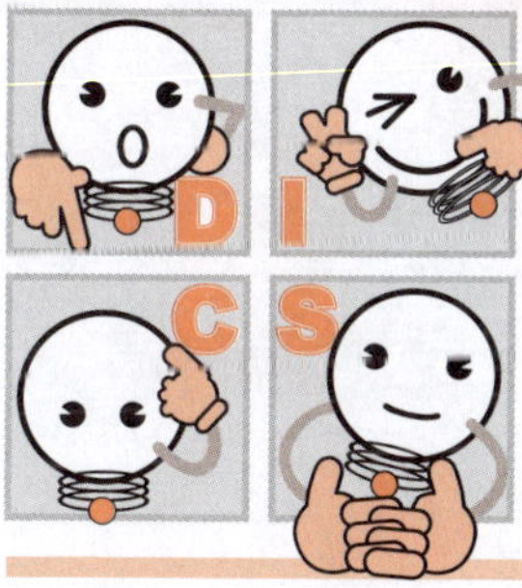


职场 IP 的法则是知能 + 势能 + 引爆点，缺一不可。

DISC 能帮助不同特质的人打造出自己的专属职场 IP，快速实现职场跃迁。

03

# 竞争优势

## ——拒绝平庸，突破极限


**阿不**

- DISC 国际双证班第 41 期毕业生
- 国家二级人力资源管理师
- 生涯规划师

关注“阿不”

# 一

# 打造个人优势

学术界有一种观点：人人是庸才，人人又是天才。

这个观点可以引申出这样一种意思，每个人身上都有庸才和天才的因子，你不要总以为自己是天才，而好高骛远、眼高手低；也不要总以为自己是庸才，而甘于平庸、自甘堕落。要知道人人都有可能成为天才，每个人都有自己无穷的潜能和独一无二的优势，每个人都有自己的最佳发展区。

我们应该做的就是找出自己的才能和潜能，打造自己的最佳优势。

## 打造优势的 4 种方法

在成长的路上，我们不要相信有“最好的方法”，因为它并不存在；也不要相信那些标准化的成才模式，因为每个人的潜能和优势是不一样的，没有两个人靠着同一条道路成功。我们想要成功，就需要掌握自己的潜能与长处，最大限度地发挥自己的竞争优势，让自己变得卓越。

### 1 移走平庸

“平庸”在汉语词典中的意思是指：普通、寻常而不突出，碌碌无为。在我们的生活中，“平庸”似乎随处可见，日常生活大多是很平凡的，而周围的人和事又似乎不断地在提醒我们平庸是可以被接受的。慢慢地，我们的世界就会面临致命性的误区——“甘于现状”。

这个时候，我们需要多花一点时间，先评估一下周围所有会让我们变平庸的事物，发现阻止我们突破极限的原因，移走它。行之有效的一个方法是：让身边都围绕着对我们有要求的人，这对我们移走平庸很有好处。

以王献之写字的事情为例。王献之是王羲之的第 7 个儿子，自幼聪明好学，在书法上专工草书、隶书，也善画画。但由于众人夸捧，慢慢地就滋长了骄傲自满的情绪。有一天，他问自己的母亲，自己书法是否再练三五年就有所成就？他母亲摇头。这时，他父亲王羲之听见了，对他说如果他写完院里这 18 缸水，他的字才算有筋有骨，有血有肉，才会站得直、立得稳。

王献之心中不服，一个字都没说，一咬牙便练了 5 年，他把字拿给父亲看，父亲连连摇头，掀到一个“大”字时才现出了较满意的表情，随手在“大”字下填了一个点，然后把字稿全部退还给王献之。他又拿给母亲看，母亲认真看了 3 天，叹了口气，最后才指着王羲之在“大”字下加的那个点儿说：“吾儿磨尽三缸水，唯有一点似羲之。”王献之听后泄气了，之前的骄气尽失。

他母亲又开始鼓励他：“孩子，只要功夫深，就没有过不去的河、翻不过的山。你只要像这几年一样坚持不懈地练下去，就一定会达到目的的。”王献之听完后深受感动，又锲而不舍地练下去。

功夫不负有心人。王献之练字用尽了 18 缸水，在书法上突飞猛进。后来，其字也到了力透纸背、炉火纯青的程度，终于取得了与王羲之并列的艺术地位，后人将父子二人并称为“二王”。

王献之的锲而不舍固然重要，但如果在其练字过程中没有父母的严厉要求，可能很难有后来的非凡成就。有了要求，我们就能把自己身上的平庸移走，让我们不甘于现状，积极地改变或突破自己！

## 2 海纳百川

有了对自己有要求的人后，我们可以以此鞭策自己成长，在成长中，自然而然又会遇到另外一种人——比自己优秀的人。

同处一个环境，这种感同身受的竞争尤为明显。同部门的同事，大家做着一样的工作，可当一个人的竞争优势更突出、能力更强时，收获的荣誉和成功也就更多。

面对这种现状，不同人表现出来的反应是不同的：有人羡慕，有人妒忌，有人默不作声，有人暗自发力。面对这种竞争压力的时候，正确的做法应该是海纳百川，我们应该冷静地放下对于自身暂时没能达到成功者境界所产生的自卑，把成功者的荣耀转化为自身的一种动力，分析他成功的原因和经验，看这些经验套用到自己身上是否适合，看能否在这些经验中获取自己所需。

面对他人的光环，我们一定要有海纳百川的胸怀，去正视对方的荣耀，并将其转化为积极的动力，这必将是提升自己竞争力的一大绝佳的助力器。

## 3 开启热情

热情可以被描述为一种驱动我们超越舒适地带、实现自身潜能的强大情感力量，它聚集在我们周围，帮助我们找到焦点和方向。

热情是强有力的驱动力，能够推动我们跨越社会阻力。

什么能让你充满热情？星巴克创始人霍华德·舒尔茨曾说，比起咖啡，更让他充满热情的是“创建工作和家庭之外的第 3 个空间，让上班族能够在此受到礼遇，体验独特的服务”。苹果创始人史蒂夫·乔布斯在他最后的公共演讲中说，“技术和艺术的结合让我们的心灵在歌唱”。我们可以问自己 3 个问题：

- **问题 1：** 你是做什么的？
- **问题 2：** 什么能让你充满热情？
- **问题 3：** 什么能让你的心灵歌唱？

通过回答这些问题可以帮助你找到让自己充满热情的事物。这些事物不会是一时的兴趣或爱好，而是更有意义的东西，它是你个性的核心，你能感觉到它影响了你的日常生活。如果你能把它融入你的职业中，那么你做事必能事半功倍。

## 4 心态开放

我们创造了良好的环境，找到了自己的热情所在，接下去就要保持开放的态度并积累经验。

在这样一个变化的时代，要成就精彩人生就必须善于变化，不能因循守旧。谁拥有开放的意识，能把别的领域的东西迁移过来，谁才能先人一步赢得成功。

我们应紧跟时代节拍，顺应时势，以变应变，及时调整自己的行动方案，寻找出路，否则就会处于被动地位。

正如蒙牛集团创始人牛根生曾说：凡系统，开放则生，封闭则死。人亦如此。

要有开放的态度，再培养经验的种子，只有经过时间和时代变化磨砺的经验，才能更好地成就我们的竞争优势。

## 打造优势的 5 个步骤

通过上述 4 点的打磨，你是否已经对如何掌控自己的竞争优势有了大概的设想？我们还可以用 5 个步骤来进一步打造我们的优势。

**▶ 列出你的优势** 你首先要考虑的是通过工作经验和学习而获得的具体技能和知识。然后寻找你的软性内在优势，这也是基础优势。你可以回顾自己早期的工作和求学时间，想想你最享受的是什么？你最擅长的是什么？当前的工作也可能会给你线索。用心找，你就会有意外发现。

**▶ 征求别人的建议** 你可以请现在或以前的同事给你毫不留情的、诚实的反馈。他们提到的优势，可能你自己还未意识到；他们对你提到的优点提出的问题可能会让你想到新的优势，这能引发你的思考和总结：我最擅长的是什么？我可以利用的优势有哪些？我的弱点有哪些？什么样的工作我应该避免？哪些工作应该是我的目标？

**▶ 回顾过去的反馈** 回顾过往上司给你的绩效评估或教练，即使你工作的这些职位并不相同。

**▶ “聘用你自己”** 你可以考虑聘用自己来做目前的工作，就好像你还未得到这份工作。问问自己，为什么你会或不会被聘用。

**▶ 回头再看优势清单，确定优势** 最后回头看看你一开始列出的优势，加以修改，增补你意识到的其他优势，并进行分类、排序，内容要具体。因为通用的优势容易表达，但帮助很少，而具体的优势更可信，说不定就能指引你获得一些机会。

通过优势清单，你可以发现很多以往你不在意的优势潜力。有了这些，你的竞争优势就初具规模了。

## 二

# 运用 DISC 管理个人弱点

每个人都是平凡人，有自己独特的优势，也有妨碍自己发挥潜力的障碍。一个优秀的人，不仅能掌握自己的优势，还要会拥抱自己的平凡，管理自己的弱点，将平凡变成超凡的基石，充分发挥自己的专长。

每个人身上都有不同的特质，通过 DISC 理论，我们能清楚自己是什么特质的人，并针对自身的特质管理自己的弱点。

**D 型特质的人**直接、控制欲强、独断、独立，追求成功的动机强烈，喜欢掌握全部状况。这类人在发挥长处的时候，节奏快、紧盯目标。但是他不容易关心别人，只为自己，容易与人保持距离，比较自负。

D 型特质的人要想发挥长处，打造自己的竞争优势，就要关注身边的人，拉近团体关系，在长处得到充分发挥的时候，人际关系也能处理好，就很有优势了。

**I 型特质的人**有良好的沟通与说服力，性格乐观，对人际关系的感受比较敏感，有很好的人脉网络，表情丰富，喜欢即兴表演，步调快。

I 型特质的人感情浓烈，在打造竞争优势的时候，要更关注自己长处的细节，以及在人际沟通过程中要更客观、公正，不要只听自己想听的部分，做自己想要的理解。

**S 型特质的人**同理心很好，擅长设身处地地换位思考，为人友善、关心他人，习惯温和婉转地表达情绪，团队意识强，做起事来慢条斯理。

S 型特质的人要主动表达自己的见解、主动出击，为自己创造更多展示的机会。同时也要更好地保护自己、制定自己的原则和底线，对他人的过分要求及时叫停。

**C 型特质的人**凡事都讲究精准，重流程，对品质的要求高，善用数据和权威来论证观点，比较严肃和理性。

C 型特质的人在发挥长处的时候追求逻辑与规则，但为人比较严肃，所以 C 型特质的人要多直接表露自己的想法，要多表扬与鼓励他人，拉近与他人之间的距离。

总的来说，DISC 对我们的生活和工作很有帮助，与人相处时，我们可以调动自身的 DISC 特质，让自己的人际沟通更和谐。

当一件事情需要处理的时候，可以调动 D 型特质，果断决定、高效执行；在与人交往的时候，可以调动 I 型特质，热情洋溢、四面八方；当朋友需要关怀的时候，可以调动 S 型特质，温柔支持、不离不弃；在遇到人生大事时，可以调动 C 型特质，面面俱到、精准分析。只要善用 DISC 来调适我们的行为风格，就可以让我们变得更加受欢迎。所以，即使你不具备出众的能力或才华，也同样可以凭借自己良好的性格而获取更大的竞争优势。

富兰克林说："宝贝放错了地方便是废物。"在人生的坐标系里，一个人如果站错了位置——用他的短处而不是长处来谋生的话，那将是非常艰难甚至可怕的。

卓越与平庸往往只差一小步，很多时候我们不一定要花太多时间改善自己的缺点，也可以将重点放在强化优点上。没有人是全能的，成功者只是比一般人更懂得强化自己的优点，并且管理自己的缺点。

因此，我们不必再苦思如何改进自身的致命伤，花一些心思管理自己的缺点，使缺点不致成为成功的绊脚石，并投注绝大部分的精力在强化自身的优点上，使它们充分发挥优势，那么我们离成功就会更近一步。



## 三

## 将个人优势带入企业

找到优势固然重要，但更重要的是将自身的优势代入企业。让自己的长处得到充分展现，这样才能让自己更有职场竞争力。

### 彰显实力，让印象立体化

在日常生活和职场中，我们容易把自己的思维和行为模式化。在特定的角色中做特定的事，其他的事情则一概不管。比如公司里的人事专员职位，每天的岗位职责就是人员招聘、考勤管理、绩效考核等。如果同岗位有多个人员，要想脱颖而出，除了专业能力过硬之外，还要懂得发挥自己的其他专长，让他人对自己的印象立体化。

如何才能实现这个目标呢？最重要的一点就是我们要善于洞察他人的需求，在交流沟通中捕捉他人工作、生活的需求元素，破除自己固有化思维的壁垒，把自己的优势在适当的时候果断彰显出来。

比如，你在生活中善于摄影，那么在公司有活动的时候，就可以主动拍活动照片，并把好的照片制成影集后在内部传播。这样，大家自然而然对你的印象就从最开始的工作模式转换为一个立体印象，你在企业里的曝光度和个人影响力就会随之提升。

又比如，曾经有一位农村妇女，小学没读完，连用汉语表达自己的想法都不太熟练。因为女儿在美国，她就想申请去美国陪伴女儿。到美国移民局提出申请时，必须填报申请理由"技术专长"一栏。移民官看了她的申请表，就问："你的技术专长是什么？"她思来想去，觉得自己实在没有什么专业技术，就顺口回答："我会剪纸画"。说着她从包里拿出随身携带的剪刀，拿起移民官桌上的一张广告彩纸，轻巧地剪起来。不到3分钟，她就剪出了一组栩栩如生的动物图案。移民官连声称赞，她申请赴美的事很快就办妥了，引得旁边拿着大大小小各种证书申请移民而被拒签的人一阵羡慕。

其实，在这个时代里，我们就应该主动向他人展现并提供自身的价值，而不是摆出一副高高在上、不可一世的样子。如果我们愿意把自己摆在一个更主动、更谦卑的位置，反而可以获得更多的人脉，给自己创造更多的机会。

我们以主动、谦卑的态度洞察需求，展示自己的优势去满足需求，能做到这样，优势就能被大家周知，你也就不需要担心自己在企业里没有绝对优势了。

## 持续知识迭代

现在的社会是快速迭代的社会，我们自己所拥有的知识也一样需要不断更新。确保自己能保持在某个领域的前沿，这也是一种竞争优势。

若需确保自己在知识迭代方面的优势，可依照这3个步骤进行。

首先，我们要先对自己所要掌握的领域知识进行规划，规划出一条最佳的学习路线，学习的路线决定着成长的速度。

其次，我们在这个路线里的站位决定着我们的上升速度，也就是说我们需要知道自己所掌握的知识点在这个知识领域中的角色定位是怎样的，这样有利于我们更好地看清楚自己的现状和未来的方向。

最后，我们要和在这个知识领域做得很优秀的人链接，这样不但能够有明确的方向感，重要的是还可以通过交流、学习，把自己也推向另一个高度。

在自己所在的领域里，我们保持着这种知识迭代，也就是在保持着我们与其他人相比拥有的绝对优势。

## 磨炼坚强意志

纵观很多成功者的案例你会发现，越能持之以恒的人，越会获得成功。所以我们必须要磨炼自己的意志，让自己在遇到困难时不仅不会退缩，还可能让其成为自己成功的机遇。

下面以一个例子来说明。对于银行业的人来说，社区营销是银行业内业务拓展的一大难点。虽然社区营销的出现能够全面优化社区金融环境，方便社区居民储蓄理财并解决其贷款难的问题，但实际操作中，社区营销却遇到周期长、成效慢、人员流动性大等现实情况，以至于即使是社区银行或者是社区支行网点做得都不怎么成功。

但是有一家银行的营销主任，却把社区营销做成了成功的标杆。其原因在于他能够持续不断并且贴心、用心、专心地为居民做好社区营销服务，并把贴心服务送到家。这其中他做了很多工作，还鼓励客户经理与客户打成一片。比如鼓励客户经理发挥自身特长，到居民家里陪老人聊天，修剪花草，辅导小孩等；过年过节走访居民家送挂历、贴春联、送礼品等；同时自己也能以身作则，坚持每个星期进村走访，对每家每户所提出来的问题和要求，都尽力去满足，哪怕很多都已经超出了银行的范畴，他都坚持去做。即便别人不理解、不认同，他也能坚持下来。

慢慢地，他带动了整个银行的服务氛围，一年、两年、三年，这家银行年年坚持做下去，社区的储蓄存款年年飞涨，乃至其最近的一年春节储蓄存款涨了 2 亿元，同比增长了近 50%。

这种成功，就在于这个营销主任发挥了员工的自身优势，并且愿意在社区营销上坚持下来，做别人做不到的，并且有持之以恒的意志，这也造就了他独有的竞争优势，这样的个人、这样的企业能成功也就不奇怪了。

所以，每个人都要尽全力去发掘并发挥自身的绝对优势，提高我们的自身价值，无论时代怎么变化，对就业者的要求有何不同，你的绝对优势，也会让你在人群中脱颖而出。

**DISC+经典**

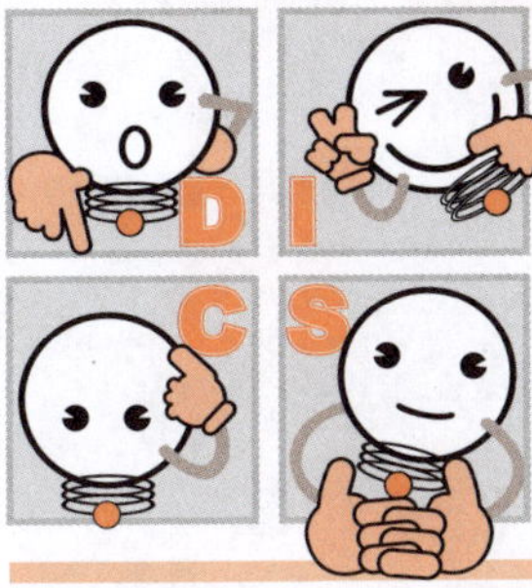


只要你能找出自己的独特优势，并且充分培养自己的某项独特优势，那么你就一定能取得最大限度的成功。

04

# 形象管理

## ——秀出你的女人味儿

**黄千泫**

- DISC 国际双证班第 52 期毕业生
- 摇身一变形象管理公司创始人
- 中国形象管理协会深圳秘书长
- 国际注册高级形象管理师

关注“黄千泫”

## 一

# 选对你的 DISC 色彩





生活中，每个女性都有着许多不同的身份，在不同的环境和关系里扮演着不同的角色，比如妈妈、职场女性、太太、闺蜜等，但其实不管哪一个身份，都基于一个最基本的本质——女人。几乎每一个对生活和工作有要求的女人都希望能扮演好自己的每一个角色，完美应对各种场合的需要，秀出自己真正的女人味儿。

### 色彩的作用

曾经有人做过一个测试，分别邀请了穿着红色、黄色、绿色、蓝色衣服的 4 位美丽女性，调查男人更倾向于选择哪一位女性，女人更希望成为哪一位女性。调查结果显示，更多男性倾向于选择穿着红色衣服和蓝色衣服的女性，更多的女性倾向于选择穿着黄色衣服和绿色衣服的女性。

参与测试的 4 位女性都非常有魅力，但因为衣服色彩的不同，给人带来了完全不同的感觉，继而促使人们做出了不同的选择。

我们大多数人也一样，即使是一件样式完全相同的衣服，不同的人也可能会选择不同的颜色。

### 运用 DISC 选择色彩

DISC 理论有两个维度，4 个象限，其中 4 个象限分别可以用 4 种不同的颜色来象征：红色、黄色、绿色和蓝色。在形象管理学中，这 4 个颜色可以传递出不同的色彩表情和情感。

## ① 象征 D 型的红色

在可见光谱中，红色的光波最长，折射角度最小，但穿透力强，对视觉的影响力最大。由于感知度较高，所以红色容易传递给人一种活泼、热情、兴奋、强烈、挑战的感觉。在很多场合，当我们希望传达出热情、强烈、活泼的状态时，就可以选择红色。比如参加比较重要的主角派对，就可以使用红色帮助我们增强气场，提高辨识度。

## ② 象征 I 型的黄色

黄色是所有色相中最能发光的颜色，充满了希望和活力。黄色在古代是帝王御用颜色，所以令人感觉辉煌高贵，富有生机。黄色十分明亮，选择黄色能给人轻快、明亮、高贵的感觉。当我们想从人群中突显，想被更多人关注时，就可以选择黄色系的服饰。

## ③ 象征 S 型的绿色

绿色是自然界中最和平的颜色，代表着宁静、舒适、安全、希望，能够平静人的情绪，提升人的愉悦感和安全感。所以当我们希望给人带来和谐、安全、亲近、舒适的状态时，可以选择绿色系的服饰。很多绿色的饰品，比如玉石、翡翠等都能够传递出比较内敛、低调的情感。

## ④ 象征 C 型的蓝色

蓝色是一种偏冷的颜色，通常让人联想到天空和海洋。蓝色可以代表冷静、广阔、理智、安详等情感，同时还常在商业设计中用以强调科技和效率。由于蓝色可以给人传递出冷静、睿智、沉着的感觉，所以在商业谈判、面见客户等需要理性思维的场合，可以选择蓝色系的服饰。

# 二

# 穿出你的 DISC 风格

同一个人，依靠不同的颜色可以增加不同的气场，用以应对不同的场合。此外，不同的形象、不同的穿着也可以传递出不同的行为风格。

DISC 的 4 个象限可以用 4 种不同的颜色来象征，也可以代表如图 4-1 所示的 4 种不同类型的面部风格。D 型是个性风格，在服饰搭配中主要表现为少年型和前卫型两种风格；I 型是夸张风格，在服饰搭配中主要表现为浪漫型和戏剧型两种风格；S 型是内敛风格，在服饰搭配中主要表现为少女型和自然型两种风格；C 型是沉稳风格，服饰搭配中主要表现为优雅型和古典型两种风格。

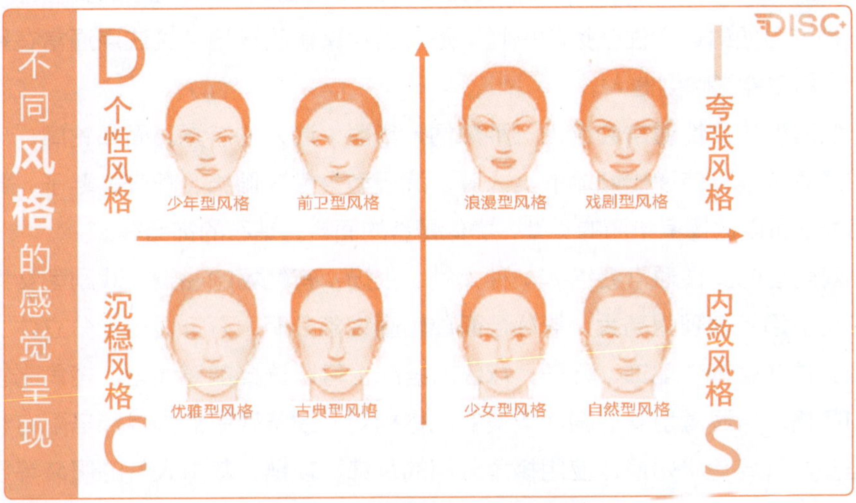


图4-1　不同风格的感觉呈现

## D 型——个性风格

D 型被称作个性风格，主要表现为前卫型和少年型。D 型风格的女性经常给人独立、个性、大胆、直率的感觉。她们喜欢冒险和挑战，关注点在自己身上，喜欢遵循自己的法则。

前卫型的女性身材偏瘦，呈现出一种骨感的状态，脸庞整体偏小，线条轮廓比较清晰，通常在打扮上会比较标新立异，比较突出自我个性。前卫型的女性在服饰、配饰、鞋子、背包的搭配上会明显呈现出自己特有的个性化，比如整体看起来十分张扬，突出自我，会使用到皮革、垫肩等装饰，整体造型比较夸张。

少年型的女性通常给人帅气、灵动、干练的感觉，看上去十分朝气蓬勃。她们的身材和面部轮廓多呈直线型，五官比较立体，喜欢用中性化的风格来打扮自己。少年型的女性在服饰、配饰、鞋子、背包的搭配上也比较具有个性化，经常会用到铆钉、肽链、皮革这样的饰品，加强自身个性化、中性化的色彩传递，体现出少年感。同时，多使用漆皮双肩包等背包样式，服饰搭配中以牛仔衣、牛仔裤比较常见。

## I 型——夸张风格

I 型被称作夸张风格，主要表现为浪漫型和戏剧型。I 型风格的女性经常给人一种魅力四射、个性张扬的感觉。她们喜欢聚焦的环境，关注点通常在别人身上，希望能影响到他人。

浪漫型的女性通常会给人一种热情、华丽、迷人的感觉，面部轮廓、身材的曲线感较强，传递出妩媚的女人味。浪漫型女性在服饰、配饰、鞋子、背包的搭配上可以选择偏华丽的类型，类似蕾丝的面料、钻石的饰品等。

戏剧型的女性通常会给人一种大气、张扬、有气场的感觉。戏剧型女性的身形特征通常表现为高大、骨感，面部轮廓线条分明，五官显得十分立体。戏剧型女性在服饰、配饰、鞋子、背包的搭配上可以选择偏直线型、棱角比较分明的风格。与浪漫型女性圆润柔美的风格相对，线条硬朗的饰品和搭配有利于加强整体气场，比如通过使用棱角分明的耳饰、项链，裁剪大气的服装等展现独特的魅力。

## S 型——内敛风格

S 型被称作内敛风格，主要表现为少女型和自然型。S 型风格的女性通常会给人平易近人、淡定随和的感觉，喜欢规律感，关注点通常在别人身上，希望能与他人亲近。

少女型的女性看起来年轻、活泼、清纯、聪慧，面部轮廓整体比较圆润，五官十分甜美，身形特征通常十分小巧、圆润。少女型的女性在服饰、配饰、鞋子、背包的搭配上可以选择糖果色，用蝴蝶结、花朵等元素进行点缀，实现少女型乖巧、甜美的气场，传递清新、可爱、柔和的状态。

自然型的女性看起来成熟、平和、随意、舒适、大方、自信，感觉十分平易近人。自然型女性的面部轮廓和五官线条比较柔和，身型特征通常表现为直线感和运动感，比较潇洒。自然型女性在服饰、配饰、鞋子、背包的搭配上可以选择大地色系，比如棕色、橄榄绿、咖啡色、米色等颜色不张扬、不饱和的服饰或饰品等，通过自然元素进行点缀，呈现舒适、平和、安全的状态和气场。

## C 型——沉稳风格

C 型被称作沉稳风格，主要表现为古典型和优雅型。C 型风格的女性通常喜欢独立思考，逻辑思维十分清晰，她们的关注点更多会放在自己身上，喜欢不断地完美自己。

古典型的女性给人的感觉非常端庄、典雅，面部轮廓呈直线感，身形比较适中，看上去十分成熟大方。古典型的女性在服饰、配饰、鞋子、背包的搭配上比较中规中矩，颜色和款式的选择都偏向素雅，气场比较传统、古典、温柔。

优雅型的女性给人的感觉非常素雅和清丽，面部轮廓的线条比较柔美，五官精致，眼神柔和，身形特征通常比较轻盈适中，呈现出一种优雅内敛的状态和气场。优雅型的女性在服饰、配饰、鞋子、背包的搭配上可以选择类似丝绒、真丝、丝绸等质感比较华丽的服饰，用于修饰身形的尖头细跟鞋子和细节精致的配饰等，传递出睿智、理性、优雅的气质。

每个人的身上都有 DISC 的 4 种特质，当我们需要在不同的环境中扮演好不同的角色时，就可以根据场合需要的不同状态，调动不同的性格特质，选择不同的服饰搭配，传递出不同的气场和状态。比如当我们希望自己可以显得年轻活泼一些，就选择少女系搭配；当我们希望自己看上去和蔼可亲、值得信赖，就选择自然型的服饰搭配。

选择什么风格，就能够打造一个与之相适应的气场，帮助我们进一步巩固和强化自己所扮演的角色。当然也可以选择一个主要风格，再混搭一点其他的气质。比如选择优雅型，在配饰上再使用一些少女型元素作为辅助风格进行搭配，呈现出一种甜美、优雅的状态。

# 三

# 秀出你的 DISC 形象

在生活和工作中，一个女人通常需要扮演 4 个主要的角色：伴侣、领导或员工、客户、朋友。每个角色都有不同的色彩、不同的风格，从而呈现出不同的女性形象。

运用 DISC 可以从 3 个方面秀出自己不同的形象：**用色彩去呈现、用风格去定位、用形态来传递。**为了打造出更适合自己的气场，我们不仅需要借助于服饰和色彩，还需要跟自己的内在需求进行良好沟通。

不管扮演哪一个角色，我们都可以根据不同的场合和身份特点去调动不同的气质和能量。比如，针对伴侣这个角色，当我们希望感受和展现爱情亲密、火热的一面时，可以调用 D 型特质，用富有挑战性的红色打造伴侣之间热情的气场；当我们希望在亲朋好友面前帮助伴侣调动影响力、活跃气氛时，就可以根据 I 型特质的特点进行着装配搭，打造个性、魅力的气场；当我们想扮演一个贤良温柔的妻子形象时，就可以借助 S 型特质的着装和风格，展现舒适、安静、平和的气场；当我们希望扮演伴侣事业背后的支持者和理解者时，就可以调动 C 型特质的着装和风格，塑造冷静、睿智的气场。

同理，我们处于不同的工作场景以及不同的职位都可以展现出不同的形象。

“这是一个两分钟的世界，你只有一分钟的时间来展示自己，一分钟的时间让对方喜欢上你”。灵活运用 DISC 形象管理法则，可以帮助我们快速适应不同的身份和不同的场合，秀出自己专属的女人味儿。



**DISC 经典**

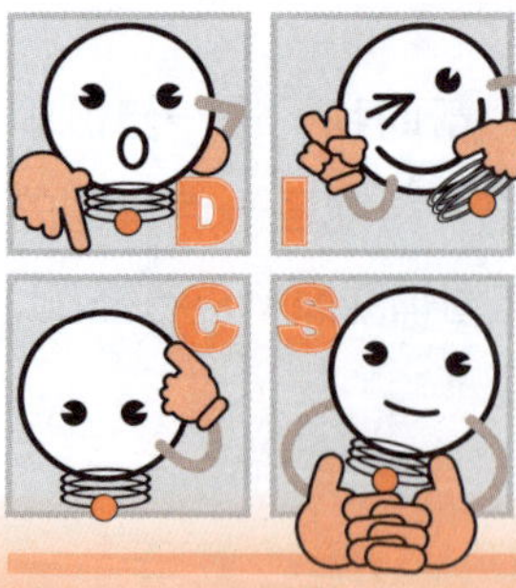


做好 DISC 形象管理，我们不仅要懂得在不同的场合展现合适的气场，更要相信自己拥有这种气场，且可以驾驭这种气场。

# Part 2

# 第 2 篇

# 职场精进　高效提升管理能力

从初入职场，到渐入管理境地，是职业生涯的重要之路。学习 DISC 行为观察理论能帮助我们更好地了解同事、管理员工、带领团队，从而加速我们的事业升级之路。

# 05

# 职场代际管理

## ——3 招秒懂“95 后”

**陈晓璐**

- DISC 国际双证班第 2 期毕业生
- 代际商学创始人
- 央视《名师大讲堂》、第一财经《价客》等节目常驻嘉宾

关注“陈晓璐”

# 一

# 正视职场代际差异

你是否注意到，不知从什么时候开始，“95后”已成为社会舞台的主力表演者，他们开始在多元的社会环境下演绎精彩纷呈的人生。例如，奥运小将傅园慧接受采访时妙语连珠而成为“网红”等。

身在职场的你，发现公司里也多出了一些年轻的新人成为你的同事。然而不少人在与“95后”共事的过程中，发现他们在想法上与我们有较大的差异，甚至有些行为让人难以理解，在工作中展现出来的职场代沟也比我们想象得更深。那么，面对这种情境，我们该如何正确认识“95后”，并与他们融洽相处呢？正视与“95后”之间的代际差异，是我们读懂“95后”的第一招。

## 认识“95后”的价值观

要读懂一个人，了解他的思想观点或价值认知是很有必要的。人的思想就是其个性的体现，它能帮助我们更好地认识一个人，从中摸索出与他们的相处之道。如果我们要读懂“95后”，不妨从他们的价值观去分析一下。

过去人们认为，“95后”是一代人，其实更准确地说，“95后”是一类人。

他们的成长环境是网络发达、传播快速的信息化时代，各种社交平台目不暇接，因此他们对社交网络的接受度非常高，受现代流行的网络文化影响很深，对各类事物都拥有自己独特的看法。

由于“95 后”出生在“社交全平台”的环境中，是在 QQ、微信、微博、贴吧、豆瓣这套“社交网络组合玩法”环境下成长起来的实践者，所以他们不仅思想新潮、心态开放，还能熟练地使用社交工具表达自我。

很多“95 后”当前认同的是互联网流行价值观。与此同时，他们对生活也有清晰明确的规划，知道自己想要什么。生活目标多元化，学习不再是第一要务。

一般情况下，如果你紧跟时尚潮流、熟悉网络用语，那么在一定程度上，你就能理解“95 后”的某些价值文化。

## 了解“95 后”的风格标签

“95 后”这类群体的职场行事风格与“80 后”的人有较大的差别，根据他们的性格特点，基本可以用两个新词来形容，即网语者、职场游侠。



### 1 网语者

网语者指的是知识结构和表达方式是由网络上常见的热词构成，并热衷于紧跟网络上最新的表述和话术的人，他们会用小圈子中才能互相听懂的“黑话”来标榜自己的身份和认知，且并不在意这种行为本身是排外的。

某银行的 HR 人员曾表示公司新入职的那些年轻新人在拓展活动取队名的时候，个个兴致高昂，起的队名却都是自己听不懂的。例如“王者荣耀队”“庄周队”“freestyle 队”之类的名称。

“95 后”很多都崇拜网红主播，所以平时说话的语言网络色彩很强，显得幽默而新潮，他们比较爱用网络上的段子和梗，例如“666”“扎心了老铁”等。

这里就有一个例子，有位新入职的“95 后”实习生，非常热爱脱口秀，中午吃饭的时候，她就能花半小时与同事各种吐槽与调侃；在公司工作群里，老板转发励志鸡汤时，这位姑娘则会秒发网络上的热门表情包图片作为回应。这可谓十分典型的“95 后”了。

### 2 职场游侠

职场游侠是指“95 后”的心中有更多的“诗和远方”，不愿意被工作束缚，想辞职就辞职。他们可以没有辞退金、没有年终奖，却一定要有人生态度，“像风一样自由”是他们的人生信条。

在他们心中，铁饭碗的概念早就消失了，随之带来的是这些年轻人在职业规划上的心态变化。

一位“95后”在一家知名电商企业做客服工作，3个月后就辞职了，她给出的理由是：做客服不自由，接待的很多客户脾气都不太好，老板让我忍，可我凭什么要委屈自己。

某些职场“前辈”却不这么看，他们对职场中发生的事容忍度更强，也更容易换位思考，寻找自身的原因。相比之下可以看出“95后”“职场游侠”喜欢追求自由，对待工作也更加率性。

## 理解职场冲突产生的必然性

每代人之间思想存在差异性是必然的，“95后”与职场中的前辈有冲突在所难免。

不管是从大部分“95后”的价值观来看，还是从对其风格标签的认知来说，都可以看出“95后”是极具个性的一代，这也造成了他们独特的或者和前辈们不同的职场作风。

在行业里饱经风霜的职场前辈眼里，部分“95后”表现得没有责任心、不按套路出牌。而在一些“95后”的眼里，前辈们思想陈腐、穿着土气、跟不上时代，这似乎很符合知乎上广为流传的一段以“95后”为定位来制定的社会三定律：

任何比我早出生10年及以上的人都是裹步不前的老顽固。

任何出生时间和我相差10年以内的人都是这个社会的精英，中流砥柱。

任何比我晚出生10年及以上的人都是无可救药垮掉的一代。

这3句话里透出了一种唯我独尊的傲气，可以看出“95后”的思想新潮性与自我性较强。虽然并不是所有的“95后”都是这样，但还是具有一定的共性。

经过调研发现，与“95后”之间的职场代沟比想象得更深，他们不仅会一言不合就离职，就连离职的原因有时候都让人难以理解。总结来说，他们的就业原则是只要我喜欢，一切无所谓。

所以在与“95后”同事相处的过程中，我们要理解这种代沟存在的必然性，正视思想方面的差异，加深对他们思想观点的了解。你对他们的了解深了，接受度也会提高，这样也能有效减少因双方观念冲突或双方不了解而造成的摩擦。

# 二
# 借力 DISC 解读“95 后”

我们每个人在处理事情时都有自己的行为风格，这种风格具有倾向性和稳定性。行为风格的特点可以从两个纬度来分析，一是关注事（任务）还是关注人（人际）；二是做事直接（快）还是间接（慢）。依据这两个纬度，划分 4 个象限，构成了 DISC 矩阵分析模型，如图 5-1 所示。

我们可以以此为工具来解析“95 后”的需求，这是读懂“95 后”的第二招。

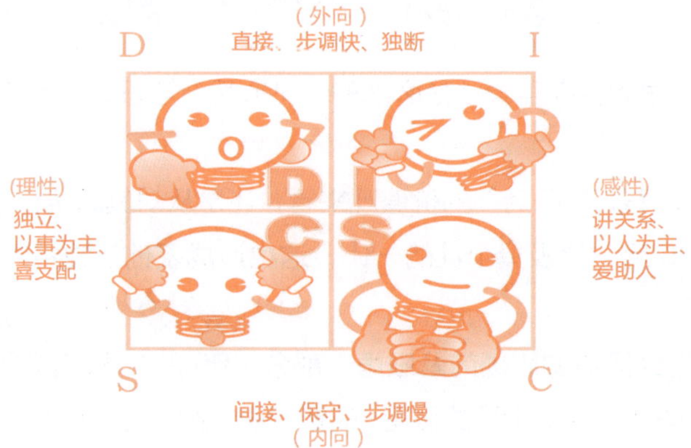


图5-1　DISC矩阵分析模型





## D 型——支配型 / 控制者

典型特征：只要是他 / 她想做，就没有做不到的。

情感方面：D 型特质的人具有坚定果敢的特点，他们干劲十足、独立自主、超级自信，但是又喜欢变化、喜欢控制。

人际关系方面：D 型特质的人比较自信霸气、能力强，大家乐于与他们结交。但由于其性格的特点，有时候他们说话会比较直接，不太会照顾别人的感受。

高 D 型特质的人可以称为是“天生的领袖”。

高 D 型特质的“95 后”特点：在工作上目标明确、眼光全面、组织力强、行动迅速、今日事今日毕；做事果敢坚持，几乎是在反对声中成长起来的。但是，因为过于强调结果，D 型特质的人往往容易忽视细节，处理问题不够细致。

描述性词语：积极进取、争强好胜、强势、直截了当、主动的开拓者、坚持意见、自信、直率。

## I 型——活泼型 / 社交者

典型特征：自来熟。

情感方面：I 型特质的人情感丰富而外露，性格活跃。他们爱说、爱讲故事、幽默，能抓住听众，常常被称作聚会中的中心人物，可以说是天才演员。他们天真无邪、热情诚挚，喜欢送礼物和接受礼物，看重人缘。但情绪化的特点使得他们性格多变，容易兴奋，爱生气、爱抱怨、大嗓门、不成熟。

人际关系方面：I 型特质的人关爱朋友，也常被朋友称赞，所以他们交友容易，朋友也多。但 I 型特质的人爱当主角，希望自己受欢迎，喜欢控制谈话内容，这也是他们在与人交往中需要注意的地方。

高 I 型特质的人通常是较为活泼的团队活动组织者。

高 I 型特质的“95 后”特点：总有新主意、想法丰富、行动力强，能够鼓励和带领他人一起积极投入工作。他们喜欢轻松友好的环境，但是他们工作能力不够、做事不彻底、爱找借口、想到哪儿说哪儿，而且说得多干得少，遇到困难也容易失去信心，心理层面还有非常害怕被拒绝的特点。

描述性词语：有影响力、有说服力、友好、善于言辞、健谈、乐观积极、善于交际。

## S 型——稳定型 / 支持者

典型特征：把别人的需求放首位。

情感方面：S 型特质的人属于温和主义者，他们悠闲、平和、有耐心，感情内敛，待人和蔼，乐于倾听，遇事冷静，总是保持一种随遇而安的心态。但在情感方面，S 型特质的人存在缺乏热情，不愿改变的特点。

人际关系方面：S 型特质的人容易相处，他们喜欢观察人、琢磨人，乐于倾听、愿意支持。可是，有时候又会不以为然，因此可能会显得漠不关心。

高 S 型特质的人在团队中常扮演一个知心者的角色。

高 S 型特质的“95 后”特点：在工作方面，能够按部就班地管理事务，胜任工作并能够持之以恒。一方面习惯于避免冲突，另一方面也能处变不惊。但是，S型特质的人似乎总是慢吞吞的、得过且过、不够主动。因为害怕承担风险和责任，他们会宁愿站在一边旁观。即使他们心里已经有了主意，也不会说出来。

描述性词语：可靠、深思熟虑、亲切友好、有毅力、坚持不懈、善于倾听、全面周到、自制力强。

### C型——完美型/服从者

典型特征：冷静又被动。

在情感方面：C型特质的人属于性格深沉类的人，他们严肃认真、目的性强、善于分析，愿意思考人生与工作的意义，是理想主义者。但是他们总是习惯于记住负面的东西，容易情绪低落，过于自我反省、自我贬低，对自己的要求很高。

人际关系方面：C型特质的人一方面在寻找理想伙伴，另一方面却交友谨慎。能够深切地关怀他人，善于倾听抱怨，帮助别人解决困难。但是，C型特质的人似乎始终有一种不安全感，感情内向、退缩，容易怀疑别人。所以在说到与“95后”的成长相关的话题时，陪伴这个词出现的频率是最高的。

高C型特质的人通常是喜欢追求完美的专业型人才。

高C型特质的“95后”特点：在工作方面他是一个完美主义者，有计划地完成各个事项，以高标准严格要求自己、注重细节；能够发现问题并制订解决问题的办法；喜欢图表和清单；坚持己见、善始善终。但C型特质的人也容易自我否定，因此需要别人的认同。同时，他们也习惯于挑剔别人，不能忍受别人的工作做得不好。

描述性词语：遵从、仔细、有条不紊、严谨、准确、完美主义者、逻辑性强。



## 三

## “95后”的科学管理方法

DISC理论为我们理解“95后”提供了一个重要的帮助，在此基础上我们进一步讲解在职场中对“95后”的科学管理方法。

管理学大师德鲁克认为：管理是界定组织的使命，并激励和组织人力资源来实现这个使命。对于企业而言，界定使命是企业家的根本任务，激励和组织人力资源是领导者的基本能力，将两者统一起来就是管理。

管理建立在理解之上，从这个意义上看，管理“95后”是对“95后”的一种解读。

员工都是活生生的个体，尤其在今天的互联网时代，年轻一代无论是在眼界、知识结构还是诉求上都有了很大的变化。俗话说三年一代沟，很多管理者可能与“95后”相差年龄大，认为管理“95后”是个麻烦事，但实际上，与“95”相差的岁数越小，尤其是相差3年以内的，反而更不好管理。当然方法还是有的，从他们的成长环境和心理特征来看，“95后”的员工更加注重个性化，个性代诉求比较强。管理者最重要的就是发现他们的诉求，与他们进行心与心的交流和理解，你理解员工，员工就会理解你、理解企业，这样才能促进整个团队成员之间的和谐共处，使企业持续发展。

## 4D系统促进管理升级

随着商业社会的迅猛发展，时代的变迁，越来越多的企业已经从以“硬件”建设为重心转向以“软件”建设为重心的阶段，也就是进入到领导力发展、卓越团队建设和企业文化建设的深层次领域。查理·佩勒林博士将这种软环境和无形要素称为“第五力”[1]——社会背景，即通过环境来创造一个团队的高绩效。

良好的第五力（社会背景）是个体、团队和组织之间通过人为的互动展现出的有利于结果达成的集体性行为，促使人们在复杂环境下完成艰巨任务和达成挑战性目标。

第五力能帮助我们达到与员工心灵沟通的状态，4D系统则会让我们更加圆满。4D系统[2]是由美国天文物理学家查理·佩勒林博士提出的。这是一种有效的团队建设系统。通过4D系统可以加速团队与个人的发展。下面，我们通过4D系统的8项行为来解释如何管理“95后”们，如图5-2所示。

1：第五力是相对于万有引力、电磁力、强力和弱力而言的。
2：4D系统即4个维度：培养维度、包容维度、展望维度、指导维度。

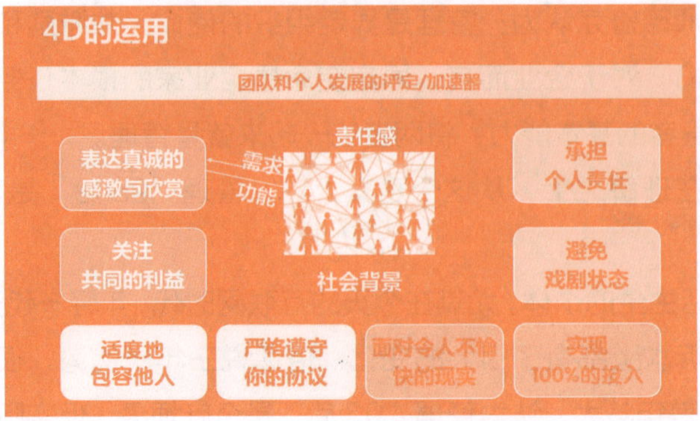


图5-2　4D系统的8项行为

## ① 表达真诚的感激与欣赏

据研究发现：美国有 70% 的人表示，在工作中，从未得到表扬和认可，70% 的人去上班，在公司要么心不在焉，要么散布不满情绪。同时，美国劳工部指出，64% 的美国人说他们离职的原因是因为他们没有得到欣赏。在敬业度低于美国的中国，上述数据可能会更高。所以，适时地对员工表达欣赏与感激，有利于充分调动员工的工作热情与工作积极性。尤其是面对我们的“95 后”同事，很多时候你夸赞他游戏技术好、颜值高、有个性，爱好广泛等，比涨工资更让他们开心。



## ② 关注共同的利益

个人生活中，共同利益将帮助我们更好地相处。工作关系中，共同利益会淡化权利斗争。查理指出，每个主管要记住：人们因自己的理由做事，而非你的，关注共同利益让人们拥有同一个理由。

在工作中，管理者需重新认识的是，“95 后”要求的是一种基于价值交换的新型关系。所谓的“交换”不仅仅是简单的物质交换，不是说“我干活，你给钱”，新型关系的核心是在一种更趋平等的劳资关系中所体现出的价值交换。在这样的诉求中，劳动者不再是单纯的指令接收方，员工的目标不再只是“为企业而献身”，他们首先考虑的是如何利用组织平台来实现个人的目标，之后才会轮到组织目标的实现，在这样的基础上建立价值交换。

所以，“95 后”是否愿意接受你的管理，取决于你能够为他们个人目标的实现贡献多少价值，无论是资源上、技术上还是心理上。这就是他们的利益点，也是你的价值点，在这一点实现了互通，就说明你们拥有共同利益，你也就能够更好地管理“95 后”。

## ③ 适度地包容他人

真诚的关系是心的联接，包括有同理心、会深度倾听、保持充沛的精力去鼓舞人心等，这些都是包容心理的体现。

包容要适度，缺乏包容将导致情绪愤怒；包容过度将导致会议、邮件、电话繁多，让下属觉得自己毫无用武之地，在工作中产生倦怠情绪，反而会产生很多弊端。包容不足或过度都会对你和他人的关系产生非常大的破坏性。

## ④ 严格遵守你的协议

信守协议非常重要，信守协议者会被认为是诚信的、高效的，而打破协议会付出高昂的代价。但有时候难免会出现违背协议的情况，管理者也需防患于未然。打破协议后如何处理呢？以下 5 个步骤可以帮到你。

（1）讲述违反协议的事实。

（2）讲述具体发生了什么?

（3）商量未来怎么防范?

（4）表达歉意。

（5）我们现在和好了吗?

## ⑤ 面对令人不愉快的现实

在职场中总可能会遇到不愉快的事情，如工作上的困难，与同事沟通交流上的矛盾，与上级、下属之间关系处理等，这是不可避免的。我们应该做到直面现实、努力克服这些不愉快。

一般来说有这些方法：一是接纳它、改变它；二是始终保持积极、乐观的心态；三是为自己、也为别人描述激励人心的、可信的未来成果；四是勇于改变、扎实行动。例如，在工作中有新的想法，或是针对这些不愉快有什么做法，就去行动、去实施，这有利于我们改变现在这种不满的状态。

## ⑥ 实现 100% 的投入

100% 投入将使我们专注于某一件事，并帮助我们实现承诺的结果。“95 后”更倾向于首先与领导和同事建立起朋友关系，然后在一种更轻松的环境中开展工作。在这一过程中，管理者只有 100% 的投入，与“95 后”处好关系，获得他们的信任，才能和他们一起开启这段神奇的关系之旅。

## 7 避免戏剧状态

当我们情绪不佳时，很可能是因为我们陷入了“戏剧状态”。第五力系统基于决策取向、信息收集这样的横、纵坐标将人的天性分为 4 种：绿色的培养型、黄色的包容型、蓝色的展望型和橙色的指导型。不同天性的人在情绪受到影响时会呈现不同的状态。绿色培养者容易陷入“受害者”状态，黄色包容者容易陷入“拯救者”状态，蓝色展望者容易陷入“理智者”状态，橙色指导者容易陷入“迫害者”状态。

陷入戏剧状态会让我们产生抱怨，“受害者”抱怨“我什么也做不了”，“拯救者”抱怨“我需要他的包容或容许，我才会更努力工作”，“理智者”抱怨“对我来说无所谓”，“迫害者”抱怨“都是他的错”，而承担我们抱怨的只有我们自己。所以我们要尽量避免戏剧状态的产生，若不幸产生了戏剧状态，也要将这种情绪扭转，建立起“喜悦”的场域。

## 8 承担个人责任



一位职场前辈这样评价自己身边的“95 后”：“我们单位的那些‘95 后’一点都不合群，不喜欢协作，常常喜欢独来独往。”。不过某知名招聘网站负责人则表示，“95 后”期待“亲密”的团队合作，但要求分工明确、权责清晰。可见，“95 后”的责任感强弱还是参差不齐的。一个人若有责任感，整个人都会成熟很多，所以管理者可以从这方面对“95 后”进行管理，要求他们承担好个人责任。

例如，当新人进入公司后，管理者可以多次强调，希望组员能通力配合一起做好这个项目。新人虽然能力不足，但听前辈们说，如果项目做不好，很可能公司的业务就会被转移，那样大家都得另谋出路，那么新人也一定会尽自己的努力做好自己该做的事。

# 管理“95 后”的误区

在管理“95 后”的过程中，可能会有以下误区，这些也是管理者需要注意的地方。

**没有目标** 没有目标就没有执行力。一些管理者在交代“95 后”工作时，只告诉他做什么，而不告诉他要做到什么程度。例如，你要让下属写一篇报告，如果你只是叫他写，而没有告诉他要写多少字、什么时间完成，他很可能就会无限期拖延。所以要给“95 后”设定目标，并且要符合 SMART 原则，即明确性（Specific）、衡量性（Measurable）、可实现性（Attainable）、相关性（Relevant）、时限性（Time-bound）。

**耐心不足** 管理“95 后”需要足够的耐心。由于生活环境的原因，很多“95 后”家庭条件优越，动手能力不够强，往往进入工作状态比较慢，甚至可能会经常出错。作为主管，你需要有一定的包容心，才可能真正管好“95 后”。特别是潜质好的“95 后”下属，要让他们有犯错的机会，同时耐心地等待他们的成长。

**没有正确的指导方法** 你把一项工作丢给下属的时候，不管他们是否做过这类工作，都会觉得感受到较大的压力。因此作为管理者，在给“95 后”布置任务之后，要时刻关注他们的动态，了解他们工作存在的困难，并给予足够的方法指导。

**缺乏人情，太过僵化** 作为“95 后”的上司，如果你还在用呆板的管理风格，那你必须要做出改变。以前那种命令式的管理方式已经不适合他们，反而容易让他们产生抵触情绪。管理“95 后”，最好采用“刺猬拥抱式管理”——既要有一定的距离，保持主管的威严，同时在私底下，也要经常和他们聚会吃饭、培养感情。

## 对待“95 后”的正确方法

正确对待“95 后”、管理“95 后”，将团队打造成一个和谐融洽、共同进步的群体，是一个管理者能力是否优秀的重要体现。掌握对待“95 后”的正确方法不仅能完善管理能力，让管理者在职场中占据有利优势，还有利于降低职业代沟，促进企业的良好发展。

**鼓励参与** 管理者在布置任务的时候，应该就工作内容、要求、标准、完成时间、注意事项、完成方式等与下属进行充分的沟通，听取他们的意见。这样不仅能够让他们快速了解你交办的工作，还能够提高他们的工作积极性，同时能够保证他们按照你的要求快速完成任务。

**鼓励大胆尝试** 对于“95 后”，我们一定要鼓励他们多去尝试，不要怕犯错，甚至要敢犯错，在工作中不要限制他们的个性发挥。其实很多“95 后”的创意能力都很强，只不过这些都需要管理者自己去发现。

**塑造受宠的感觉** 很多年长的管理者或前辈同事总是基于“我过的桥比你走的路还多”这样的心理优势去指点作为“95后”的年轻人。可是时代已经变了，对于互联网时代原住民的“95后”，当你企图用权威、用资历或者有管理经验来束缚他们时，他们根本不屑一顾。如果你真情对待他们，给他们塑造一种积极的受宠感，反而会调动他们的工作积极性并对公司充满感情。有个公司的HR就很受“95后”的敬佩，因为每次下午茶或者聚餐的时候，她都让部门年纪最小的那些“95后”先吃，给他们塑造一种受宠的感觉，所以年轻一辈工作就非常努力，也很愿意在这个公司继续工作。

**给予充分发挥的平台** “95后”喜欢拥有充分自由的空间，管理者在给予指导的同时，也要给他们发挥的空间。对于他们努力做出来的成绩，要给予及时的肯定。

**用其所长，避其所短** 很多管理者总是抱怨“95后”这也不行、那也不行，其实是这个管理者自己不行。因为不懂用人的管理者，无论手下有多厉害的人，他都无法用好。而善于用人的人，则可以把一个良莠不齐的团队打造成一个战斗力极强的团队。管理者一定要学会发现每个下属的长处，然后利用他们的长处，包容他们的短处，对于那些不影响工作的短处，甚至可以忽略。



**DISC经典**

正确认识“95后”，管理“95后”，不仅能完善管理能力，让管理者在职场中占据有利优势，还有利于缩小职业代沟，促进企业的良好发展。

06

# 创新管理

## ——让员工爱上企业的激励法

**魏玲丽**

- DISC 双证班第 40 期毕业生
- 4D 领导力系统认证导师
- 4D 背景转换认证教练

关注“魏玲丽”

## 一

# 为什么员工没有积极性

人是一个企业必备的组成要素，人员与企业的匹配度以及人员的稳定性决定了一个企业是否能良性运作。为了更好地识人、用人，每个企业都会配置类似“人力资源”这样的部门或角色。





实际上，对于企业来说，识人、用人不仅仅是人力资源部门的事情，更重要的是用人部门管理者的事情。因为人要发挥自己的作用，只有在具体的工作岗位上才能展现，而不仅仅是人力资源的直接认识和纸上评价。

由于各种因素的影响，现在较多企业的管理者都会不约而同地发出感叹：员工不好管，工作没有积极性！有的管理者甚至提出员工连基本的工作规则都不遵守，思想消极，负面情绪多，得过且过，业绩平平，最终也造就了团队的业绩上不去。管理者所言是有一定事实依据的。随着经济的发展以及社会职业形态的变化，现代企业员工的归属感普遍不高。但这也不能完全成为团队业绩不好、企业管理不到位的理由。事实上，在不少企业里，我们仍然可以看到很多工作积极的员工，仍然有很多凝聚力强的团队。

作为一个优秀的管理者，始终要相信一点：没有不好的员工，只有不到位的管理。为什么这么说呢？先来看一个案例吧！某连锁酒店的中层管理者来到一家酒店巡查。这次他除了例行的巡查外，还有一个问题要解决：为什么这家酒店的员工离职率这么高？为什么酒店总经理抱怨人员执行力不足，人员素质不高？原因究竟在哪里？

来到酒店后，他和酒店前厅、客房工作人员进行了面谈，了解了基层工作人员的工作近况。

问：来酒店多久了？

答：5 个月。

问：感觉怎么样？

答：还行，不过这个月底我就不准备干了。

问：不准备干了？为什么？

答：没劲，压力太大，还要售卡。我的售卡情况不好，经理总是批评我，有时候动作慢了还会被客人骂，不想干了。

问：经理知道吗？你和经理聊过吗？

答：经理已经同意了。

结束基层面谈，这位区域管理者又走向正在抽查房间的酒店总经理，聊了聊酒店的管理近况。

问：最近酒店有什么困难吗？

答：就是缺人。

问：缺人？

答：是的，非常缺人，前台马上又要走两个。

问：一下要走两个？

答：是啊！我自己都得去前台顶岗了！

问：怎么还不招人呢？

答：我们工资太低了，招不到。我什么招聘渠道都利用了，可就是招不到，好不容易来一个，没做几天就走了。

问：他是因为什么原因离开的？

答：不知道啊！说是家里有事不来了。现在的人就是这样，不太好管。

结束基层员工、部门管理人员、酒店总经理的面谈后，区域管理者发现：这些即将辞职的员工并非真的愿意辞职，而是现在的领导难以给自己更多的发展空间。

这个案例在企业管理中并非个例，造成这种情况的很重要一个因素就是员工没有得到足够的激励。

美国劳工部曾经做了一个关于“离职”的调查，结论显示：64% 的美国人说他们离职的原因是因为他们没有感受到被欣赏。

《从优秀到卓越》一书中有一个观点，叫“先人后事”，一个卓越的领导者必须先设法得到合适的人才，才能进一步规划企业的发展。如果一个企业的管理者连人才都无法有效地培养和挖掘，又如何能执行有效的决策，提升企业的业绩？

因此，如果企业团队的业绩平平，很大程度上需要先从管理者自身找原因，管理者需要自我提升。

## 二 管理者的限制性信念



很多管理者都有着以下两种限制性信念。比如有的管理者认为，员工流失的主要原因是他们没有得到升职和加薪，与管理者之间并没有直接关系，只有升职、加薪才能激励和留住员工。还有的管理者会认为，员工需要的激励肯定与自己相同，比如自己希望通过奖金获得激励，就认为员工也需要奖金才能得到激励。

但这些情形是肯定且绝对的吗？当然不是。

到底是什么影响了员工的行为，并最终影响了企业绩效，可以通过一个理论进行分析——冰山理论。

冰山理论是一个隐喻，指一个人的“自我”就像一座冰山，外人能看到的只是表面很少的一部分行为，而更大一部分的内在因素却藏在水下，不轻易为人所见，如图 6-1 所示。

从管理者的角度来分析，冰山上的部分是日常能够直接观察到的管理人员的行为风格。冰山下看不见的部分就是产生这种行为的内在因素，比如性格、价值观、动机等，统称为内在风格。

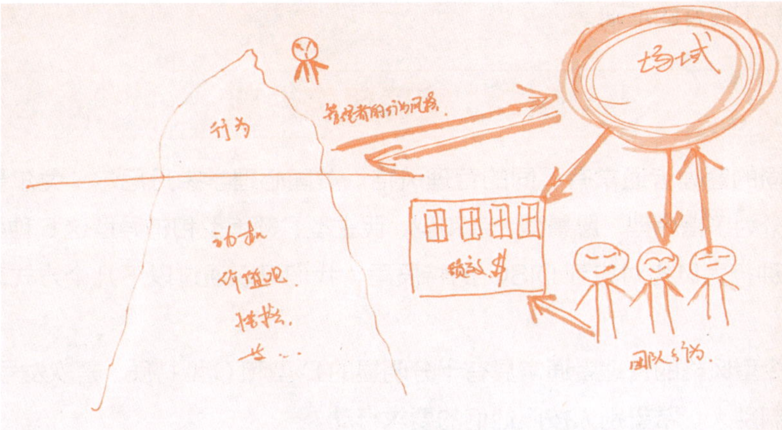


图6-1　冰山理论

内在风格通过行为来体现。管理者不同的行为风格会形成不同的场域[1]，也就是所管理团队的氛围。场域有正向积极的，也有负面消极的。不同的团队氛围和场域，会使员工产生不同的行为，而不同的员工行为会影响团队整体绩效的高低。

在团队中，员工们行为会相互影响，形成团队行为，而团队行为也会影响管理者的行为。当管理者有较好的自我认知，可以主动产生积极的行为变化，就会引导整个团队场域向积极的方向变化，继而影响到整个团队的行为变化，最终影响企业的绩效。

因此，作为一名管理者，要想有效提升企业的业绩，提升自身的能力，就应该正确识别自己的行为风格和优势，带动团队向积极的场域变化。

## 三

## 借助 DISC 进行创新管理

DISC 作为一种行为风格理论工具，在帮助人们更好地进行自我识别时具有很大的作用和意义。将 DISC 应用到职场管理领域：职员可以识别不同 DISC 特质的领导的管理风格；团队管理者可以更好地识别团队成员特点，为高效运

1　美国查理·佩勒林所著的《4D 卓越团队》一书中，提出了场域的重要性。笔者理解不同行为风格所形成的场域为管理团队的氛围显现。

作团队打下良好的基础。

## DISC 管理风格识别

不同的管理者通常有不同的管理风格。美国心理学家丹尼尔 · 戈尔曼将管理风格分为了指令型、愿景型、亲和型、民主型、领跑型和辅导型这 6 种类型。将这 6 种行为风格对应到 DISC 的特质里，我们可以通过以下几个方式来辨识和理解。

指令型风格的管理者通常具有十分明显的 D 型和 C 型特质，喜欢发号施令，喜欢控制别人，希望别人按照他们的要求行动。

愿景型风格的管理者通常 I 型和 S 型特质比较明显，比较关注长远发展，喜欢向团队成员征求意见，激励员工为共同的愿景而努力。

亲和型风格的管理者通常 S 型特质比较明显，注重友好的人际关系。和完成工作目标相比，他们更注重同伴的需求。他们会尽力避免冲突，比较关注员工精神上的表扬和激励。

民主型风格的管理者通常 I 型特质比较明显，喜欢建立人与人之间的认同感，与同伴达成共识。他们喜欢听取团队成员的意见，很少惩罚员工，会经常对员工的工作表现进行鼓励。

领跑型风格的管理者通常 C 型特质和 D 型特质比较明显，他们比较关注任务的完成情况，喜欢设立高标准。他们对自己的能力具有很强的自信心，经常主动承担责任，而忽视能力不足的员工。

辅导型风格的管理者通常 I 型特质和 S 型特质比较明显，比较关注员工长期的职业发展，并对员工进行持续的辅导和反馈，但有时候容易为了长期发展而放弃短期的目标达成。

## DISC 团队成员风格识别

管理者可以根据团队成员的不同 DISC 特质，识别和了解团队成员的优势和劣势，更好地引导团队的发展。

### 1 识别 D 型特质的成员

D 型特质的人有着极佳的观察能力，能够快速发现问题，抓住机遇。他们经常能够快速做出决定，当下发生的事情会立刻完成，而不是深思熟虑以后再行动。他们比较享受变化和灵活带来的满足感，擅于处理所谓的紧急事件或解决实际性的问题。

D 型特质的人能够快速完成工作，并会因为自己取得的成果产生动力和成就感，通常可以给他们安排一些重要、紧急的工作，或需解决实际性问题的工作。D 型特质的人往往思维敏捷且活跃，反应迅速，对很多事情都有自己独特的看法和判断，组织能力很强，工作效率也相对较高。他们的优势是能够快速分析形势，进行全面控制，同时动员他人一起完成工作。

### ❷ 识别 I 型特质的成员

I 型特质的人喜欢人际交往，十分热心，能够营造和谐合作的团队氛围，并尽可能确保团队每个人都参与其中，收获快乐。I 型特质的人大多拥有非常优秀的社交能力，他们会用心记住别人的生日，愿意主动对某件事情或某个人的成功进行庆祝，与别人分享时会表现出贡献的一面。

### ❸ 识别 S 型特质的成员

S 型特质的人在任何状况下都会扮演人际关系的润滑剂，非常热心地为他人着想，关注别人的感受及对别人的影响。他们通常会很小心地迎合别人，总是先考虑他人的需求，最后考虑自己的需求。

S 型特质的人喜欢搜集和识别信息，会花费大量时间在信息和经验等知识的整合上，在做决策和行动时，他们更喜欢在前期所积累的事实和经验中寻找答案。

### ❹ 识别 C 型特质的成员

C 型特质的人喜欢花费时间分析信息，深入思考，总结归纳不同的想法或经验，得出符合逻辑的决定。在面对问题和任务时，他们的第一反应往往是通过搜集到的信息进行逻辑思考，不断地提出疑问，找到更好的行动方法。他们比较热衷于在解决问题时运用科学的手段和专业的知识，尝试并验证自己的方法。他们喜欢将经验和理论思维方法联系起来，按照自己的想法将各个细节制订成一个完整的计划。

管理者有了基本的自我认知，能够识别自己的管理风格，再灵活结合员工的行为风格特点，就可以运用更恰当的方式进行员工激励，让每一位员工都能完成自己擅长的任务，能感受到被欣赏、被认可。

# 四

# 借助 DISC 进行有效激励

想要有效激励员工，首先要了解员工。通过 DISC 的学习，我们知道：认识不等于了解，只有了解才能更好地调整自我，理解他人。DISC 的行为风格分析可以帮助我们知道不同的人该采取哪些不同的激励措施，从而让激励更高效，更有意义。

## DISC 不同特质人员激励策略

我们每个人都有 DISC 4 种特质，在不同情境下，我们可以根据实际情况调用不同特质。对管理者而言，更要学会自我调整、理解员工，在特定的条件下选择员工喜欢的方式进行沟通和激励。

**D 型特质**比较明显的人喜欢别人认可其工作的重要性，称赞他们的勤奋、能力和忠诚。他们适合直接、实质的激励方式，比如奖牌、奖杯、公开表扬、活动栏通告、优秀服务牌等，也可以为其专门定制服务奖章，或在公司内部文化刊物上为其设置专栏等。在表扬和激励 D 型特质的员工时，应基于他们实际的突出表现进行激励，比如说因本月工作出色、差评或投诉为零，特颁发服务零投诉奖章等。

**I 型特质**比较明显的人需要肯定其工作中敢于尝试和创新的精神，鼓励他们善于接纳同事、听取大家意见的行为，对其反应速度快、应变能力强、抗压能力强，以及为团队处境所做的改变给予个性化的赞扬和出乎意料的奖励。I 型特质比较明显的人更喜欢基于他们人际关系提出的表扬，比如因其积极参与活动，团结大家共同完成任务，被评选为优秀团队 / 小组管理者，并在重要会议或表彰会议上作为代表发言。

**对于 S 型特质**比较明显的人，可以针对其为团队带来的积极变化提出表扬和奖励。S 型特质的人具有很强的抗压能力，可以完成一些比较艰巨的任务。在前厅等需要和客人沟通的岗位上，他们通常非常擅长听取客人的意见，在处理客户投诉时能让客户有足够的时间发泄不满的情绪。在他们完美处理了投诉事件之后，管理者可以及时进行表扬，同时给予合理的实物奖励，如奖金、优秀服务经理的荣誉、季度会议上的公开奖励等。

**对于 C 型特质**比较明显的人，可以针对他们在完成某项工作中出色的分析能力和策略性的思维提出表扬和激励，或针对他们为了更好地完成某项工作而努力提升自己的专业能力，敢于在工作上创新突破等方面进行表扬。C 型特质比较明显的人更希望获得学习机会和新的挑战。如果 C 型特质明显的人，其 I 型特质也相对较高时，一般销售能力会比较突出。比如有客人在购买物品时，他们可以帮助客人计算和分析更经济适用的方案，用专业的方式获取客人的信任，同时用良好的沟通能力说服客人达成交易。

## DISC 激励策略综合应用

员工激励建立在管理者对员工的了解基础上，管理者要多花时间去了解员工，根据管理过程中，不同工作或任务的特点和性质，有针对性地发挥员工不同特质的优势，才能发挥出更大的激励价值。比如下属的 D 型、C 型特质较高，可以为其分配目标明确的任务，告知清晰的时间要求以及任务奖励，及时认可他们的成就。如果下属的 I 型、S 型特质比较明显，管理者最好和他们讲清楚任务目标、细节和要求，表达该任务对团队的意义和荣誉，激励他们更用心地完成任务。

更有效的员工激励，需要管理者从内在开始修炼，将自己锻炼成可以灵活运用 DISC 4 种特质的全能型管理者，用更适合的方式为不同员工分配更适合的工作，让每一位员工都能感到被激励。

最后，分享 5 点员工激励的原则：

第一，发自内心的欣赏和感激。

第二，基于具体的事实进行激励。

第三，及时激励。

第四，形成赞扬的习惯。

第五，付出与激励相匹配。

### DISC 经典

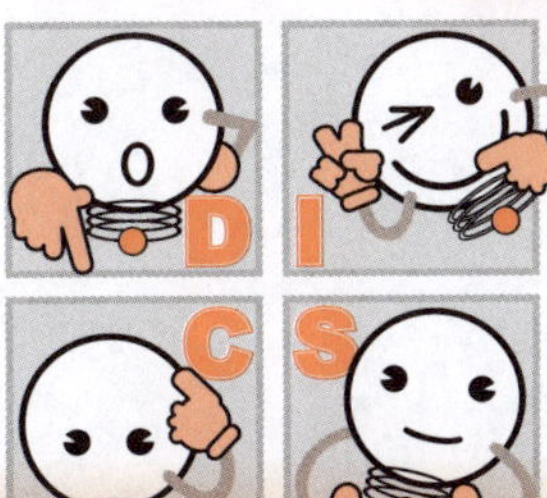


有效的员工激励，必然是物质和精神上的双重激励。

而有效的精神激励，就是了解员工更喜欢哪种形式的激励，再给予他们所需。

07

# 组织健康

## ——打造高凝聚力的组织

**柳波**

- DISC 国际双证班第 1 期毕业生
- 复旦大学 MBA 工商管理学硕士
- 组织健康咨询师

关注“柳波”

# 一
# 组织健康是怎么一回事

很多职场人都经历过以下这些：办公室政治、内部斗争、组织内部的信息混乱、部门之间的各自为政、团队或项目偏离方向……

没有人会否认以上这些现象给组织带来了巨大的伤害，但人们总是苦于找不到方法去解决，或者没有勇气去直面这些问题，甚至觉得这些说不出口，摆不上台面。其实所有的这些现象都根源于一个问题：这个组织是否健康？

我们现在所处的时代是一个快速变革的时代，颠覆性的变革以老百姓应接不暇的速度不断地发生，随之兴起了很多让人敬仰的优秀企业，上演着一幕幕惊人的传奇，引领并改变着我们的生活。他们的战略、技术、产品和营销的种种表现都可圈可点，让人赞叹不已，然而这一切却也不是永恒不变的。企业要获得长远的成功，这些只是其中一半，更重要的一半则是组织的健康。

美国著名管理咨询大师帕特里克·兰西奥尼认为，任何想获得最大成功的组织必须具有两个基本素质：一是“聪明”，包括战略、营销、财务、技术等；二是“健康”，具体体现为最少的办公室政治、最少的信息混乱、高涨的员工士气、高生产率以及较低的优秀员工流失率。他的这套理论体系和实践得到了很多世界知名企业的认可与推崇。很多企业把“聪明”方面的内容当成企业是否成功的标志，追求数字和绩效考核。尽管“健康”的各个方面是企业都认为很重要的东西，甚至是任何企业的领导者所梦寐以求的东西，但组织的健康并不容易做到，也不容易衡量，甚至无法向股东展现。所以，人们倾向于把有限的时间和资源花在聪明的方面。

但是，组织“聪明”的方面只是我们传统意义上的、或者说是浮于表面的所谓的成功。实际上，是组织的“健康”为“聪明”的各个方面以及组织的一切提供了环境。正如兰西奥尼所强调的那样，“健康”比“聪明”更重要，因为一个健康的组织一定会变得越来越聪明，而不健康的聪明组织只能把资源和智慧浪费在内耗和办公室政治上。

怎样才是一个健康的组织呢？它应当是拥有很高凝聚力的，所以，打造一个高凝聚力的队伍，是一个想获得持续发展的企业应有的要求。

## 二 影响组织合作的 5 种障碍

如何打造健康的组织呢？首先要打造一个具有高凝聚力的领导团队。组织是由天生不完美的人组成的，人性中的不完美导致组织合作天然存在着障碍，而任何组织想要持续地实现设定的目标，就必须认识到影响组织合作的 5 种障碍，如图 7-1 所示。

**丧失信任** 组织中的信任很重要。高凝聚力组织的成员之间具有发自内心的、真挚的信任，他们彼此能够体谅对方的弱点、错误。如果组织成员之间互相没有信任感，不仅不能很好地合作完成一个工作，而且无法有效地将每个成员能力的优势展现出来，即使工作完成，其质量也不会太好。

**惧怕冲突** 有冲突的地方才是需要完善和解决的地方，一个优秀的组织不会惧怕在有关团队成功的关键问题或决定中发生争执，因为组织中所有人的注意力都会集中在找到对的或好的答案。如果组织领导者或组织成员惧怕冲突，就会隐藏问题，为了表面的“团队和谐”而忽略对组织工作本身带来的伤害，从而造成工作总是做不到最好。“对事不对人”是发生冲突时一个比较好的解决方案。

图7-1　影响组织合作的5种障碍

**缺乏承诺**　这里的承诺不是指组织领导者给予成员的承诺，而是组织在前期经历意见不统一，逐渐达到统一后，大家都能一致性地按照这个目标进行工作的承诺。一个健康的组织在一项重大决定之前，必须确保所有的意见和想法都已经摆到桌面上进行讨论和考虑，组织成员彼此之间心无芥蒂，故而可以很好地完成目标。而如果组织成员不能很好地表达自己的观点，或被某些人或事强行压制，所有的决定都是上对下或者强制执行，那么即使这项决定是正确的，结果也不会太好，因为事情的执行者并不能很好地理解这个决策结果，而且可能是心有怨言地工作，其结果能好吗？

**逃避责任**　拥护团队决策和绩效标准的组织成员会毫不犹豫地担负负责，执行组织决定。如果成员逃避责任则会给组织带来两种结果：一是工作“安全顺利地完成”，工作毫无亮点、特色；二是重要、关键的工作可能没有人愿意做，大家互相推诿，最终导致工作无法完成或者完成质量不好。

**忽视结果**　不管是组织领导者还是成员，在组织建设和项目执行的过程中，都必须谨记组织目标（即追求的结果），以这个目标来要求自己的当前工作行为。不能因为时间过长或其他事情的插入而忽视了最终结果。毕竟结果才是检验组织工作是否成功的标准。同时，在组织工作中，始终要把整个组织成功的集体利益放置于所有利益之上，而不能只考虑小团体的利益、个人职业的渴求或者个人利益等。也就是说一个高凝聚力组织的重要特征就是：重视组织结果，淡化个人结果。

# 三

# 借助 DISC 克服组织障碍

针对上述 5 种障碍，我们有不同的应对方法。借助 DISC 我们可以对克服组织合作障碍的方法进行分类介绍，帮助打造优秀健康的组织。

## 建立信任——根据 DISC 特质获取信任

信任是组织合作的基础。要想在组织里建立信任，尤其是要打造“基于弱点的信任”，组织成员要花更多的时间在一起，彼此了解，共享职业上的失败和成功。

试想，如果在一个组织里，成员之间不愿意或不能坦诚展露自己的弱点；不愿承认队友的优秀或者去请求别人；不愿去体谅别人的弱点、错误和恐惧；也不愿承认错误或道歉，甚至为了保全自己的面子去掩藏错误进而一错再错。比起帮助整个组织取得成功，成员更在意自己的利益，倾向于把他人的成功归因于环境使然，把自己的成功归因于自己的素质优势。这样的组织显然是不能成功的。信任才是组织合作的踏脚石。

打造信任的一个重要环节是使用权威的性格分析工具，让大家认识自己、认识他人。人的性格天生各不相同，无论是沟通和行事都有差异。对于不同性格的人，我们是建立一道冰冷的墙还是伸出温暖的手，哪一种更有助于组织的成功，答案显而易见。DISC 是我们常用的性格分析工具，下面让我们看一下如何与不同 DISC 风格的人建立信任。

### 1 与 D 型特质的人建立信任

**D 型特质的人在信任方面的特点：**D 型特质的人独立自信，他们以结果为导向，说话做事直截了当，意志坚定，他们是组织的前锋。同时他们也喜欢控制局面，充当权威，喜欢竞争和胜利。这使他们和其他类型的人比起来更不愿暴露自己的弱点，不容易做到基于弱点的信任。因为他们害怕失去控制，他们希望自己在组织成员面前表现得非常有能力，无可挑剔。

另外，D 型特质的人更容易看到别人的缺点和不足，不太容易看到别人的优点或赞美别人；他们做事直奔主题，却往往忽略了合作伙伴的感受和组织的和谐关系。

**给出的建议：**D 型特质的人要主动敞开心扉，示人以真，勇于表扬别人，勇于“示弱”，这对 D 型特质的人来说需要刻意的练习。

要取得 D 型特质的人的信任，说话要直击重点，并且要言出必行，用结果说话。同时还要避免让 D 型特质的人认为你在占据控制和绝对主导的地位，记住不能给 D 型特质的人压迫感。



## ❷ 与 I 型特质的人建立信任

**I 型特质的人在信任方面的特点：**I 型特质的人重视与人之间的关系，擅于发现别人的闪光点，也喜欢去赞美别人。另外，I 型特质的人外向、乐观，更容易与人分享自己的事和感受，甚至是自己的私事，不会给人距离感，这些都使得 I 型特质的人比其他性格的人更容易得到别人的信任。

但值得注意的是，我们这里强调的信任是基于弱点的信任，即使是外向的 I 型特质的人也可能倾向于隐藏自己的错误和缺点，尤其是对于自信的 I 型特质的人而言，他们非常享受自己在大家眼中的“万人迷”“社交家”“开心果”等优质形象，也努力地保持这种形象。



**给出的建议：**I 型特质的人除了要经常表扬别人、感恩别人的优点和好处之外，还要承认自己的不足，这样能更容易获得别人的信任。此外，D 型特质的人和 C 型特质的人也许在“勇于袒露自己的弱点”这一方面要比 I 型特质的人和 S 型特质的人花费更多的时间，所以要给予他们足够的耐心，不要急躁或过早放弃。

要取得 I 型特质的人的信任，就要让 I 型特质的人知道你在乎他 / 她，你可以邀请 I 型特质的人参与问题的讨论，认真倾听他 / 她的意见（虽然他 / 她可能滔滔不绝地说个不停）。倾听不代表一定要赞同他 / 她的意见，但你绝对不能忽视 I 型特质的人，不给他 / 她表达意见的机会。

## ❸ 与 S 型特质的人建立信任

**S 型特质的人在信任方面的特点：**S 型特质的人一般而言被人们认为是合作度非常高的组织成员，是值得信赖的伙伴。他们非常重视人际关系，随和友善，甚至会牺牲自己的利益来换取别人的好感，渴望别人的关怀和重视。S 型特质的人往往不敢袒露自己的弱点，他们生怕自己的不足给组织带来麻烦。

**给出的建议：**S 型特质的人需要更勇于表达自己的想法，在需要帮助时勇于开口寻求帮助，而不是自己默默地承受压力，更不能隐藏问题从而导致事态更严重。

要取得 S 型特质的人的信任，需要充满真诚与耐心，给他 / 她安全感，即使有问题也要让他 / 她感受到你想解决问题的善意，不要使用批判和攻击的方式。S 型特质的人重视与别人之间的和谐关系，愿意对有同情心、能够关爱和保护他 / 她的人敞开心扉。多赞赏 S 型特质的人，让他们知道你把他们放在心上，为他们的利益着想，这些都对获取他 / 她的信任很有帮助。

### 4 与 C 型特质的人建立信任

**C 型特质的人在信任方面的特点：**C 型特质的人重视事实逻辑和数据分析，不爱表达自己的想法，也不太重视人际关系。这往往让人感觉他们对一切充满怀疑，很难去信任别人，和其他类型的人比起来，难以合作。

此外，C 型特质的人往往也以专家自居，总是看到问题就提出意见和批评，较少去表扬别人。但 C 型特质的人提出问题不是为了控制和主导，而是为了追求正确性和真理。

**给出的建议：**C 型特质的人需要放下“专家”身份，去倾听和理解他人。一旦 C 型特质的人能够说：“你是对的，这一点你比我强”，就会得到他人双倍的信任。

要取得 C 型特质的人的信任，就要和他们一样讲逻辑，快速决策，做事井然有序、有始有终，并且避免情绪化。

## 掌控冲突——了解 DISC 特质的冲突表现

曾经有这样一位 CEO（Chief Executive Officer，即首席执行官），在谈到冲突在组织合作中的意义时，他说：“我的组织从来没有冲突，我们是一个非常和谐的组织。每当我有重大决定的时候，我就会提前跟相关人分别进行一对一的沟通。如果他们有什么不满意或者不同意见，他们可以跟我私下说，然后我就对他们进行一对一的说服。所以到第二天我们开会的时候，我们总是顺利全票通过，我们从来没有过冲突。”

可是这样的“和谐”真是一个好事情吗？当 CEO 不在时，如果需要组织进行决策怎么办？组织规模再扩大了，领导者还有精力每次都进行一对一沟通吗？

您 CEO 的下属需要向再下一级甚至两级沟通时也能使用同样的方式吗？作为一个组织，我们需要组织成员有思想火花的碰撞，能够把自己的真实意见表达出来，在不同意见中的讨论中看到所有的可能性，对可能的机会和风险有更深刻的认识，澄清信息，消除误解从而确保组织做出最好的决定。

这个 CEO 的做法扼杀了大家在会议上共同讨论来答疑解惑并得出最好决策的机会，甚至可能为了表面的和谐去掩盖心中真正的想法或顾虑。组织领导们最怕的不应该是开会时的冲突，而是所有人把话吞在肚子里面，会议上不说，面对面不说，出了门反而是三三两两地聚在一起，摇头叹气，评头论足。

如此看来，冲突其实是个好东西，但组织要努力保证我们有的是良性冲突，建设性冲突而非恶意的、破坏性冲突。掌控冲突是以组织成员间彼此的信任为基础。即使在最好的组织当中，冲突也会让大家不舒服。也就是说如果你没有把大家赶出情感舒适区的话，那就说明大家可能并没有把自己心里的想法毫无保留的、完全地表达出来，从而没有办法发挥我们组织的最佳能力。

不同性格的人，冲突表现不同，对冲突的接受程度也不同，下面我们就来分析 DISC 不同特质的人在冲突中有什么表现。

**D 型特质：** 在冲突过程中，D 型特质的人要注意语气语调，避免咄咄逼人；注意别人的情绪，多从别人的角度考虑问题；凡事三思而后言，避免说出让自己后悔的话。D 型特质的领导尤其要注意打造开放的氛围，给予大家发言的机会，避免固执己见和主导整个讨论的行为。

**I 型特质：** I 型特质的人勇于表达自己的观点和情感，但在会议上往往过于健谈，影响了别人表达的机会和欲望；或者变得情绪化，不能理性地看待问题和人。I 型特质的人应该在发言前进行更深入的思考，加强自己的条理性。

怕被拒绝和失去影响力的 I 型特质的人还要谨记：讨论和冲突的最终目标是得到组织的最佳决策，这个过程是有意义的，不用执着于自己的建议是否被最后采纳。

**S 型特质：** S 型特质的人喜欢迎合别人甚至妥协牺牲自己的利益，他们可能隐藏自己的想法和需求，甚至隐藏即将发生或已经发生的问题，使组织走向虚伪的表面和谐。

对于 S 型特质的人，要更多地向他们表达关心和同理心，鼓励他 / 她参与组织讨论，设定轻松的范围，不要让他 / 她感受到压力。

**C 型特质：** C 型特质的人不轻易表达自己的想法，但其内心拥有严苛的评判标准，容易孤立自己。

他们客观，聚焦于逻辑，并坚守自己的权利，如果不能参与到有效的冲突和讨论中去，C 型特质的人就会很难认同组织决策并执行组织决策。

建议 C 型特质的人勇于表达，不要隐藏自己的观点，并以包容的态度去倾听和理解别人的意见和立场，不要钻牛角尖。在冲突的过程中多去体会别人的情绪，经常性地表明自己对事不对人的立场。

## 做出承诺——获得不同 DISC 特质人的认同

冲突很重要，因为没有冲突，没有充分的讨论，人们难以对组织决策做出发自内心的承诺。但如果人们不能对组织决策做出承诺，不去执行，或者执行的过程中模棱两可，对组织决策各有各的理解，组织决策就是一纸空言，很容易滋生猜测与疑虑，这是对组织极大的伤害。因此对组织决策做出承诺包含两个要素：认同和澄清。

英特尔公司有一个著名的管理原则“Agree to disagree”，意思是保留各自不同意见，但也能同意组织的最终决策，并为此全力以赴。换言之，做出了承诺就能让决策尽可能好地被贯彻执行。

结合 DISC，我们可以通过对 DISC 不同特质人的了解去获取他们的认同。

**D 型特质：** 取得 D 型特质的人的认同要直击重点，尤其要在众多信息中进行归纳总结，给予 D 型特质的人简单的陈述。同时要让 D 型特质的人有一定的自主权去得出自己的结论，做出决定。

**I 型特质：** I 型特质的人的思维不拘泥于细节，他们更习惯从大的框架出发思考问题。所以在与 I 型特质的人沟通时要从整体入手，同时也要提醒其注意细节。需要注意的是，I 型特质的人容易做出冲动决策，因此最好在他们理性的时候再次确认决策。

**S 型特质：** S 型特质的人较难在冲突阶段充分参与讨论。所以在承诺阶段，尤其要注意 S 型特质的人对决策是否清楚地理解，所以需反复征询他们的意见，避免他们保留自己的不同看法。同时 S 型特质的人喜欢稳定的环境，对于改变往往不太适应，建议和 S 型特质的人更多地分享组织决策的影响，告诉他哪些会改变，哪些不会。

**C 型特质：** 要取得 C 型特质的人的认同需要确保方案是经过充分考虑的，并且给他们提供尽量丰富、准确、逻辑性强的信息。

## 承担责任——向不同 DISC 特质的人提出负面反馈

责任二字毫无疑问是组织管理中的高频词语，此处的责任不仅指需担负自己职责范围内应尽的责任，更是指同事之间相互负责。如果大家都信奉“各人自扫门前雪，休管他人瓦上霜”，看到同事出现问题时，不愿或怕同事没面子，不去善意地指出，眼睁睁地看着别人失败，最终影响组织的整体表现。这样的组织必定无法获得长远的成功，所以学会承担责任很重要。

在组织中学会向同事提出建议是承担责任的一个重要表现。我们要根据不同特质同事的风格特点为其提供负面反馈，避免因为不忍提出意见而造成的不良结果。

**D 型特质：**给予负面反馈对于 D 型特质的人而言并不困难，即使是敏感问题也可以直言不讳。同样地，给予 D 型特质的人反馈时也应言简意赅，因为 D 型特质的人是以结果为导向的，如果让 D 型特质的人清楚知道他 / 她的行为会给组织带来什么样的后果，那么他们对于接受负面反馈也会容易得多。

**I 型特质：**I 型特质的人往往更喜欢赞扬别人，不愿给予别人负面的反馈，总是要在说出负面的反馈前添加很多铺垫，不愿清楚地说出对别人的批评和建议。同时，I 型特质的人也不喜欢接受别人的批评，这对 I 型特质的人是一种不愿承受的打击。给予 I 型特质的人负面反馈时要考虑到他们的情绪，使用积极的语气，但同时也要把问题的重要性和影响说清楚。

**S 型特质：**S 型特质的人会想尽一切办法避免给他人提出负面反馈，以免伤害他人的感情。给 S 型特质的人提供反馈需要用温和的语言，并用具体的实例加以说明，并向其强调你的良好初衷和你对他 / 她的信心，相信他 / 她会做得更好。

**C 型特质：**C 型特质的人客观、注重事实，他们在给他人提供反馈时也会平静地讲事实，讲逻辑，有时会显得冷酷。给 C 型特质的人提供反馈也要客观、讲求逻辑，提供具体的事实和例子，以及这样的行为会带来的后果。

## 注重结果——一切以组织为先

如果一个组织的所有成员建立了基于弱点的信任，克服了对冲突的恐惧，大家清楚地理解并承诺于组织决策，且能够彼此负责，勇于承担责任，他们往往能够关注集体目标，而非个人的或者小部门的利益。

在很多不成功的组织里，自尊自负，计较个人得失，谋取小团体利益等行为都成了组织成功的拦路虎，使得组织成员不能以组织的整体目标为目标，以组织的成败为先，最终导致组织的失败。

管理咨询师兰西奥尼提出的重要概念就是“第一组织”。只有认清你的“第一组织”是哪个组织，才能确保你的行为和决策是为了组织的整体利益而非小团体利益。只有这样，所有人才能时刻为了组织的集体目标而努力，企业才有向上的力量。大家知道怎样对企业是最好的，也不会把精力和资源浪费在内耗上。

## 四 打造组织健康的步骤

“最少的办公室政治、最少的信息混乱、高涨的员工士气、高生产率以及较低的优秀员工流失率”，这些领导者们梦寐以求的东西其实并非遥不可及。有很多公司自上而下地采用兰西奥尼的理念，不遗余力地打造健康的组织组织，从而给公司带来了巨大的改变：目标的清晰传达、士气的提高、业务的欣欣向荣以及财务指标的不断增长。



打造健康的组织组织有 4 个重要原则，也是 4 个步骤。

**第 1 步是建立一个有凝聚力的核心领导组织，帮助克服组织合作的 5 种障碍。**只有我们的领导组织是高凝聚力的、是健康的，整个组织组织才可能是健康的。如上文所讲，通过克服组织合作 5 项障碍来开启增强组织凝聚力的工作。

**第 2 步是打造组织的清晰度。**通过回答以下问题，打造组织组织的清晰度：我们企业是什么？我们为了什么而存在？我们想要往哪里去发展？我们要达到这些应该有什么行为方式？以及谁应该做什么去达到我们这些目标？

**第 3 步是反复沟通组织的清晰度。**通过一个逐级沟通的方式，把我们在第 2 步里制定出来的问题的答案，清晰地、透彻地传达到整个组织里，通过这样一个过程，让所有人，不管是高层领导还是一线生产工人，都知道我们要达成的目标是什么。

**第 4 步是强化组织清晰度。**也就是说，在这个过程当中，我们不仅要沟通，还要把它真正落实，把对 6 个问题的回答渗入组织的各种人力管理流程中，从员工筛选、入职培训，到绩效评估和解雇，让对这 6 个问题的理解像血液一样流淌在每个员工的身体里，体现在他们的日常行为中，指导他们每天的工作。

让每个员工都对组织有清晰的认识，而不是盲目地只做自己的工作，却不知道工作的意义是什么。就算作为一个流水线的工人，也应该了解自己做什么才能帮助组织的成功，在这样的组织中应该采用什么样的行为方式，而不是流水线上一个可有可无的螺丝钉，永远不知道自己的工作会给组织、会给整个社会带来什么改变。如果员工清楚地知道这些，部门与部门之间的隔膜就会被打破、小团体主义和个人主义得到抑制，组织的清晰度由此打造。

**DISC经典**

组织的健康比聪明更重要，因为一个健康的组织一定会变得越来越聪明，而不健康的组织只能把资源和智慧浪费在内耗和办公室政治上。

08

# 团队加速

## ——4 步引爆团队效能

**童家三少**

- DISC 国际双证班第 51 期毕业生
- 赋能教练、团队效能专家
- 4D 系统导师 / 教练

关注“童家三少”

# 一
# 培养团队意识





一个企业想要获得成功，团队效能必不可少。企业由团队组成，企业本身也是一个大的团队，而团队效能则是团队的生产力。那么何为团队效能？团队效能是指在规定的环境条件下和规定的时间内，对团队完成规定任务程度的度量标准，它是一个团队成功或失败的关键要素。要想团队高效运作、获得有效发展，关键是要引爆团队效能。

## 为什么要培养团队意识

在现在的企业运作和发展中，我们会经常看到这样的情形：在创业初期，几个人相互配合、鼎力互助，在没资金、没项目的困难条件下获取了企业的成功。然而，在企业得到发展壮大，有了资金、项目与人才以后却反而开始走向衰败。这是什么道理呢？

其实一个重要原因在于团队效能的缺失。企业在得到发展，上升到一定高度后，不可避免地会出现个人英雄主义的膨胀，团队成员慢慢地就没有了团队的意识或团队合作精神。对于这样的团队，充其量我们只能叫它是一个集合体，这样的团队更谈不上什么团队效能了。

如果想要避免上述情况，最重要的做法就是在企业中提升或是直接引爆团队效能。从意识层面讲，要想引爆效能，保持团队的鲜活性，使一个团队获得跃迁，首先是要重视团队、培养自己的团队意识。我们应认识这样一个道理：一滴水要想不干涸，就要将它放入大海，因为它只有融进大海，才会有不竭的生命！同理，这个世界上没有完美的个人，一个人再完美也只是一滴水，而团队才是大海。

团队成员只有具备团队意识，主动配合团队，才能想团队之所需，从而最大限度地发挥自己的作用，进而完成团队使命，实现自我价值及企业的终极目标。

## 4 个方面培养团队意识

一般来说，培养团队意识需要注意团队目标、团队角色、团队关系及团队运作 4 个方面的内容。

### 1 团队目标

团队目标一般在团队建立初期就已确定，团队的构成模式和人员选择都是以团队目标的实现为标准的。所谓的团队目标就是希望团队完成的任务或者想要团队解决的问题。团队目标就是团队的导航，团队目标的建立，有利于团队意识的确立。

### 2 团队角色

团队角色分为团队中的个人角色和整体的团队角色。

**个人角色** 个人角色是个人在整个团队中所扮演的角色。如果你身处在一个团队中，就要依据其他成员的特点和优势，分析自己被分配到这个团队中能提供什么样的服务，这样才能正确地发挥自身的作用。当然，需要明白的是，不管我们个人在团队里扮演什么角色，我们对团队而言都非常重要。

**整体的团队角色** 这是指团队在企业或者在整个行业环境中处于什么位置，扮演什么角色，是中流砥柱还是蓄势待发的后起之秀。

在团队中，其实并不需要每个团队成员都异常聪明，因为过度的聪明往往容易导致自我意识的膨胀。在团队中需要的是每个人强烈的责任心和事业心，需要每个人对于团队精心制定的战略在理解的基础上坚定不移地贯彻执行。需要每个成员对于在团队协作过程中的运作细节和流程都落实到位。

### ③ 团队关系

一个高效运作的团队对团队所处的环境有很高的要求，换句话说就是成员与成员、成员与团队之间存在一种怎样的关系是非常重要的。

在这个关系里，首先每个成员要有归属感，能认清自己的角色，进而在遵守团队的政策、规则和制度的情况下相互合作、齐心协力，为共同的目标去努力。而成员和团队的关系是一种相互依存的关系，相互证明彼此存在的意义和价值。成员成就团队的辉煌，团队又彰显成员的价值。

一个团队的负责人必须创造良好的团队关系氛围，同时每个成员各司其职、相互配合，只有这样，团队才能持续高效地相互协作、向前迈进。

### ④ 团队运作

关注木桶原理的人都注意到木桶的容量跟木板的长度和倾斜角有关系，但还有另一种看待事物的方法，就是装水量的多少也由每块木板之间的密拼程度来决定。如果不同的板长之间存在缝隙，最终也是装不了水的，如图 8-1 所示。在一个团队中，团队凝聚力的强弱就相当于木桶的密拼程度，只有具有较强的凝聚力的团队，才能“装得住水”。

图8-1 木桶原理

有了凝聚力，团队需要把战略决策持续转化成结果的满意度、精确度和速度，这样表现出来的就是整个团队的执行力。如果能够拥有足够凝聚力和高度的执行力。团队就能真正高效运作起来。

故而凝聚力和执行力的建立是团队运作中不可或缺的两大重点。

## 二 运用情绪管理

在团队的运作过程中，成员必定会出现许多情绪。情绪不是与生俱来的，也不是某个人或某种外力强加在我们身上的，而是当某种特定的原因聚合在一起的时候产生的。

一旦团队成员情绪产生波动，很容易对其他成员产生不良影响，进而影响整个团队的工作效率。所以，学会情绪管理也是提升团队效能的有效方法。

情绪管理是对个体和群体的情绪感知、控制、调解的过程，其核心是以人为本，使人性得到充分发展，人的价值得到充分体现；它是从尊重人、依靠人、发展人、完善人出发，提高人们对情绪的自觉意识，控制情绪低潮，保持乐观心态，不断进行自我激励、自我完善。

情绪的管理不是要去除或压制情绪，而是在觉察情绪后，调整情绪的表达方式。我们可以通过控制自己的情绪，把负面情绪转换为积极的情绪，或者是刻意地提升自己好的情绪，在团队中传递正能量。

## 消除焦虑

达尔文接近 30 岁时，曾经在他的日志中描述了这样一种病态：感觉到一种恐惧感，它伴有不舒服的心悸和有规律的呕吐，甚至是心跳紊乱，不断出虚汗和肌肉抽搐。在 22 年后，精神病学专家推测，当时他很可能是遭受着严重焦虑症的困扰。

焦虑通常源于过度关注危险出现的可能性，以及在你即将要面对的事情前毫无准备的心情。在团队的活动中，我们也可能会出现焦虑，例如，在预定的时间要到来时，还没办法交出方案；在着急等待队友的成绩又无可奈何时；在顶着诸多压力却没办法一下子拿出解决措施时……

**焦虑与不确定性、无力感这两个变量有关。你越感觉到不确定，你就会越感觉到无力**。然而管理焦虑的奥妙也很简单，如果你能改变其中一个变量，将其减小到接近零，你就可以明显降低你的焦虑感。例如，你由于着急等待队友的成绩而感到非常焦虑，但如果你对队友的表现有着绝对的肯定，确定队友是可以成功的，那这个焦虑就可以明显减弱了。

当一件事情让你的焦虑来袭时，我们可以做一张平衡表，上面列写出针对这件事你知道的和你能影响的；接着列出你的强项，你的应对技巧，甚至是你的可用资源；然后闭着眼睛深呼吸，先练习控制呼吸，再转而去影响你的思维，将精力集中在你能掌握的事情上，相信这些资源会给你力量。慢慢地，等你睁开眼睛，你是否发现你自己“可以确定”和“可以控制”的东西已经越来越多了，那自然而然，焦虑的情绪也就在逐渐地消退。

你要知道，生命中总有些事情会让你焦虑，但这种情绪是可以被管理的，你只需要选择放手，去专注你知道的和你可以影响的，也就是你的身体和心灵，这样，你焦虑的情绪自然就会得到有效控制。

## 保持正面情绪

在一个团队中，假如成员的负面情绪不断出现，就会影响他们的身心健康、人际关系及团队的正常运作。所以，团队成员保持正面积极的情绪很重要。

### 1 获取喜悦

喜悦是内心的一种态度，我们经常说某人“喜不自禁”或者“喜出望外”就是指这种愉悦感从内心深处涌现出来的体现。

我们感受到“爱”的情绪越大，“恐惧”的情绪就越小，我们内心获得的“喜悦心情”也就越多。也就是说，当我们逐渐摆脱过去的恐惧阴影，并开始保持一种充满爱的状态时，喜悦的情绪就会缓缓流入，让人愉悦起来。

恐惧招致恐惧、爱招致爱。为了能给自己和周围的伙伴一种愉悦的心情，我们在面对所遇到的困难和恐惧时就应该学会去面对现实，不要被因面对困难而产生的恐惧感吞噬，反而要在这样的情绪中去问自己：在这么多的事务中，爱在哪里？你可以回忆你和队友同舟共济的美好情感，回忆在项目过程中队友对你的关怀，等等，也能从中感受到团队的友爱。

当你在身处困境时，一定要记住，爱是可以帮你摆脱恐惧的良药。把爱放大了，恐惧自然就小了，那我们所追求的喜悦自然也就来了。

### 2 追求幸福

当我们懂得管理自己身上的负面情绪，懂得传递正能量，并且持续地把喜悦分享给周围的人时，慢慢地，就有了另外一种情绪——幸福。

我们要想感觉到幸福，首先需要懂得感恩。

践行感恩，是一种幸福。感恩是积极向上的思考和谦卑的态度，它是自发性的行为。当团队里的每一个人懂得感恩时，便会将感恩化做一种充满爱意的行动，实践于团队的拼搏中，也能化身为一种责任、承诺和追求齐头奋进的精神境界的情感，促进团队的和谐发展。

经文有云：“贪欲生忧，贪欲生畏；无所贪欲，何忧何畏？”意思是忧虑、烦恼等都是由贪欲所引起的，贪欲会成为伤害我们的利刃。人的“需要”是一种本能，是一种正常的欲望，这种欲望支撑着我们正常的日常生活。而贪欲却会大大降低我们的幸福指数。

贪欲越少，越感恩，其实我们也就越幸福！这难道不也是一个完美团队的相处之道吗？

# 三 讲究沟通艺术

比尔·盖茨认为：交流本身就是人类必不可少的精神需要。通过彼此之间的沟通，可以增加人与人之间的亲密感，而工作中的有效沟通更是树立团队精神的必备条件。

在团队中，我们需要通过良好的沟通去获取有用的信息和智慧，而沟通不畅往往是引起团队不和谐的重要原因。团队沟通不畅主要体现在几个方面：信息的不对称、缺乏倾听、理解能力的偏差、成员之间的误会等。之所以会出现这几个方面的状况，很大一部分原因在于团队成员彼此间的不了解。

了解你的队友对顺利沟通非常重要。通过一个研究行为模式分析方法论的利器——DISC 理论，我们可以将人的行为模式划分为 4 个象限，分别为：D 型特质指挥者、I 型特质影响者、S 型特质支持者、C 型特质思考者。很多时候，一个成员身上不止具有一种特质，这时候，我们需要找出他性格中哪种特质比较明显，然后我们就可以将其归为那种特质的人，并实施相应的沟通方法。

## 不同 DISC 特质成员的沟通技巧

针对不同特质的人，我们需要采取不同的沟通技巧，在得到有效沟通之后，我们还能顺势激发他们的潜能，从而促进团队的高效运作与发展。

### 1 D 型特质成员沟通技巧

D 型特质成员自尊心极高，目标导向十分明确。因为性格中独断的特征比较明显，所以 D 型特质成员对人际关系不敏感，遇到问题也容易发生争论。

跟D型特质的成员沟通时，需要注意的是，由于他们目标非常明确、行动非常迅速，所以在沟通时要尽快地切入主题，开门见山，直接把你的目的说出来，然后倾听对方意见，并且在对方提出需求或者问题时，做到及时回复。

激发D型特质成员潜能的方法：在团队中你可以对他委以重任，直接告诉他你要的结果后，让他去操作整个项目，自由把控项目运作中的各个环节，并且在这些环节取得某些成就的时候给予足够的肯定，给他足够的使命感，持续点燃他心中的动力与热情。

### ❷ I型特质成员沟通技巧

I型特质成员属于乐观派，他可以让团队氛围变得更加活跃和有激情，另外，I型特质的成员也善于描述，喜欢被认同，有足够的创意和幽默感。

跟I型特质的人共事，需要先区分什么是I型特质的真实想法和突发创意，因为如果过于在意对方的突发创意，你就会发现I型特质的成员似乎很多时候承诺都没有兑现。这个时候你需要有足够的判断力和包容，你既要对I型特质成员的观点表现出认同和鼓励，又要注意不要被对方所引导而完全相信了他自己都不想或是忘记去实现的突发创意。

激发I型特质成员潜能的方法：我们要做到跟他同频互动，让他感觉他始终是众人的焦点，而且你认可他、支持他。

### ❸ S型特质成员沟通技巧

S型特质成员是4种特质里最需要被关怀的。因为S型特质的人话不多，也不善于应变和拒绝，甚至担心他人为难或关系破裂而让自己受委屈，绝对的忠诚可靠。

跟S型特质的人相处，我们需要尽可能地表达我们的诚意和关切。但由于S型特质的人做事比较慢，不太有主见，所以团队在分配工作的时候不太适合让他单兵作战，反而应该把事情对S型特质的人交代清楚，避免在过程中因为S型特质成员的行动过慢而影响效率。

激发S型特质成员潜能的方法：S型特质的成员在工作和生活中会有比较固有化的行为习惯，家庭观念也很重，所以我们需要给他足够的安全感，给他的家人适当的关怀，要让他感觉在这个团队里可以放松自己，发挥自己。同时还要多鼓励S型特质成员对工作的坚持和耐心，适当地给予他弹性的空间，让他感受到关爱。

## ④ C 型特质成员沟通技巧

C 型特质的人是严谨而高冷的完美主义者，因为比较关注事，行动比较慢，喜欢回避风险与冲突，会让人感觉比较难亲近。

跟 C 型特质的人交流一定要注重事实，尽量以规章制度、做事流程为指导讲话，同时配合严谨的数据和精确的例子，言简意赅，让他感受到条理性和信任感。

激发心思缜密的 C 型特质成员的方法：因为他们对私人空间比较在意，所以，首先要给他营造一个相对独立的办公氛围。其次，C 型特质成员比较喜欢数据，所以还要赞扬他的推理及分析能力，让他获得成就感。

# 不同 DISC 特质的沟通缺点及规避方法

上述讲了与不同 DISC 特质人沟通时可以使用的技巧以及激发其潜能的方法，但是在沟通过程中，如果忽略他们交流的误区或缺陷，也会给沟通造成一定困扰。

## ① D 型特质成员的沟通缺点及规避方法

D 型特质：表达想法后就想对方势必接受。

沟通缺点：通常情况下，在被问起意见时，跟对方表达自己的看法后，D 型特质的人容易产生一种思维误区，就是认为对方一定会接受自己的想法，并且按自己的想法去做。在类似的情景下，D 型特质成员应有的姿态是给予客观中肯的意见和建议，但最终的决策权应该是在询问者身上。

规避方法：对于 D 型特质的成员，我们可以对他提出自己的看法，然后希望他能“降 D 升 S”、换位思考、接受不同的意见等。因为沟通的本质是通过交流让彼此在一件事上达成一定的共识，而不是让一方对另一方妥协。

## ② I 型特质成员的沟通缺点及规避方法

I 型特质：只许我说话，不许你插嘴。

沟通缺点：I 型特质的人天生是个演说家，往往在沟通中展现出极强的表现欲，以自我为中心，甚至讲到激动处随时有可能完全偏离主题，沉浸在自己的世界里。而且往往会对你的打断表示极其不悦。

规避方法：对于 I 型特质的成员，我们要理解他喜欢得到认同，或是想要在认同中获取价值的心。但需要劝服他在沟通中稍微放慢点节奏，多点倾听，把 S 型、C 型特质稍微提上来，这样或许能给双方更容易互动的空间。

### ③ S 型特质成员的沟通缺点及规避方法

S 型特质：任凭你说，我都没意见。

沟通缺点：作为支持者的 S 型特质成员，在沟通中也会显得格外内敛，不喜欢主动说出想法，或者容易动摇。

规避方法：对于 S 型特质成员，我们需要做的是调适他的 D 特质，刻意地让他挖掘自己，给自己订立目标，哪怕只是一个星期一个小目标，重点在于培养这种目标感。这样，他在开会时也能大声主动地发表自己的看法和要求，回到工作岗位时仍能把本职工作做得漂亮，这就是一种属于 S 型特质成员的跃迁。

### ④ C 型特质成员的沟通缺点及规避方法

C 型特质：容我想想。

沟通缺点：C 型特质成员对在团队工作中所发生的事情判断很准确，但忽略时效性。也就是说，在工作中可能会因为想得太多而耽误工作进度。

规避方法：对于 C 型特质成员，我们需要帮助他在坚持 C 型特质的判断准确情况下，迅速提升 D 型特质，提高执行力，这样就可大大提升工作的时效性。

## 四 找准引爆效能的关键点

团队的建立，就是一群人为了共同的目标，通过优势互补和紧密协作创造更大的效益。团队里的每个人都有自己不同的特质，各自的想法、态度和做事方法也各有不同。如何让这些不同特质的人同心合作，向着共同的目标努力，就是团队管理的重心所在。

要想引爆团队效能，团队管理者还必须要注意以下几个关键点。

## 扬长避短

人际关系的专家们有一句俗语：你要雇佣一个人的手，就得雇佣他整个的人。这句话提醒我们，一个人不可能只有长处，必然也有短处，在团队的共处中，我们应该扬长避短去发挥团队的效能。

任何人都有一定的缺点和短处，而缺点和短处是很难改变的。但作为有效的团队管理者，我们可以设法使其不发生作用，而是去用人所长，充分发挥人的长处。如果一个团队管理者不能做到这一点，那么他在管理上注定会受到人之弱点、人之短处、人之缺失的影响，结果肯定是既完不成任务，又缺乏有效性。

重视一个人的长处，就是要针对他的所长提出工作绩效方面的要求。比如在用人之前问自己“他能做什么？”“擅长什么？”“应该对他有怎样的要求？”，这样才能让他感觉到自己被寄予厚望，进而在团队中有所贡献。如若不然，就等于管理者事先已经对成员的“不称职”采取了宽容的态度，这样其实是不利于充分挖掘并发挥每一位成员的长处的。

与长处对等的，就是如果过多考虑成员的短处，很容易对成员产生不信任感，从而影响团队事先目标的确定。

作为团队管理者，我们时刻要记得，我们的任务不是去改变人，而是在于如何运用每一个人的才干，让各人的才智以及灵感得到充分的发挥，从而使团队的整体效益得到成倍的增长。

## 积极倾听

在众多性格云集的团队交流过程中，最重要的往往不是说，而是听。倾听是了解别人想法与感受的最好的渠道之一。没有人能够拥有全能的智慧，以及深邃的洞察力，每个人看待问题都会受到自身视点的局限，而倾听他人的意见是弥补自我认知偏颇的有效办法。

团队中每个人的观点都可能是有价值的，如果我们不主动倾听，就很有可能与某些有价值的思想或意见失之交臂。所以我们必须学会去主动积极地倾听，更好的答案、更有价值的想法和创意以及无数潜在的机遇都有可能从一些被人忽视的意见中诞生。我们只有学会倾听、集思广益、博采众长，才能使团队获得更大的效益。

## 坚持说事实

在一个团队中，保持一种爱与支持的团体关系十分重要，它是一种态度，表明我们对同伴的关怀、肯定与信任。我们倾听别人讲话时，采用爱与支持的态度，会让讲话者产生极大的自信，因为爱与支持是人们内在寻求的，也是每个人都应该付出的感情。但在这样的过程中，有些人为了不伤害感情，会去说一些违心的话去维持这种关系，这是一种不真诚的表现。

在这里要强调的是，在团队中，我们要坚持说事实，要真诚地表达出自己的意见。因为随意附和很可能会伤害彼此的关系，破坏团队的和谐氛围。更严重的是，还会埋下一个叫“怀疑”的定时炸弹，随时都有可能导致以后成员间信任度的减弱，甚至是丧失。

当然，我们在说事实的时候也要顾及他人的感受，不要因为自己说的是事实就理直气壮，觉得自己在理就理不饶人。这样会让人产生反感和对抗的情绪，甚至无法再形成合作的氛围，团队的凝聚力和效率也会因此下降。

我们始终要记得：说出事实的目的不仅是表达想法，更是为了让它产生实际的效果——只有当对方乐于接受时，你所说的才能真正达到帮助他人、帮助团队的目的。



## 信守承诺

富兰克林曾说：失足，你可以马上恢复站立；失信，你也许永难挽回。

我们说的遵守承诺，事实上是一种人格的外在表现，是我们在给人的整体印象中至关重要的构成部分，更是彼此间信任的基础。信守承诺的人说到做到，就会拥有良好的口碑，容易赢得他人的支持与合作，所以能够办成事，成大事。

而一些人习惯背信弃义，口是心非，缺乏信用度，甚至采取欺骗手段牟利。表面上，他们一时得逞，但是从长远角度来看，失去的是宝贵的信用。久而久之，别人就会对你视而不见、听而不闻，想做成一件事无异于“水中捞月”。

团队管理者做出承诺应该是发自内心的，承诺之后就要全力支持，而不是表面同意，背后从中作梗，否则很容易丧失成员对你的信任。

我们常说的“画饼”就是这种做法，它常出现在团队组建的初期，即先给成员描述无比光明的前景，如达到目标后每个人能得到多么丰盛的奖励，通过各种愿景让成员眼花缭乱。但往往到了最后，要么就是饼太大，无从触及；要么就是饼太少，杯水车薪。这种落差反而让成员产生反感甚至是排斥的情绪，自然就谈不上信任和兑现承诺了。

而当团队中的每一个人都能够说到做到的时候，这个团队的能量就能最大化地发挥出来，因为这时候的团队中的凝聚力和执行力等都是非常高的，团队也能高速运转，团队效能也能得到充分的激发。

我们常说：一个人可以走得很快，一群人却可以走得很远。

领导变革和引爆潜能是一个团队的管理者的职责。管理者必须带领着队员克服不确定性，去激发队员创造与众不同的伟业，坚韧不拔地迈向理想的未来。

## DISC经典

团队管理者的任务不是去改变人，而是在于如何运用每一个人的才干，让每个人的才智以及灵感得到充分的发挥，从而使团队的整体效益得到成倍的增长。

# Part 3

# 第3篇 生活经营 缔造快乐幸福人生

快乐的旅行是一种美妙的生活方式；步入婚姻，是家庭生活的开始；精装家居，有助于生活幸福感的提升；亲子互动，是生活温情所在。和谐美满的生活，从你开始，从这里出发。

09

# 快乐旅行

## ——和同频旅伴一起看世界

**冯佳敏**

- DISC 国际双证班第 52 期毕业生
- 90 后背包客
- 时尚生活体验师

关注“冯佳敏”

# 一

# 来一场快乐旅行

世界那么大，我想去看看。这样一句话，勾起了不少人心中的旅行梦：想看山看海，尝遍各地美食，给自己的人生制造一个美好而难忘的回忆。

美景、美食固然精彩，但若能有一个结伴同游、分享感受的旅途伙伴则能让我们的旅程变得更妙不可言。很多时候当你回首一段旅程时会发现，相比于美景、美食，更让你难忘的其实是与同伴相处的趣事，甚至是点滴细节。

一场快乐的旅游，可以和你的同伴共同创造，但选择一个合适的旅途同伴却不是一件容易的事。日语里有个词叫“成田分手”，说的就是新婚夫妻蜜月旅行归来，在成田机场就直接分手了。听来让人觉得震惊，一次短短的旅行而已，就能造成这样严重的后果？其实不只是情侣会发生这类事情，甚至有些相交多年的朋友一起旅行回来也绝交了。

因为旅行是一个让双方更了解彼此的时机，基本上 24 小时都在一起，所以各自的缺点就会暴露出来，从而产生一些摩擦或矛盾，甚至直接导致感情的破灭。

有个例子，有对情侣刚从泰国回来就闹着分手，因为男方嫌弃女方旅游攻略做得不好，预定的酒店等各种安排都不太妥当，而女方则生气男方拍照技术太差、不够体贴。原本是为了增进双方感情而展开的旅行，似乎演变成了分手之旅，难道选择一个适合的旅伴真的那么难吗？

其实选择一个合适的同伴也没有想象中那么难。运用 DISC 理论对旅行伙伴进行分析，你会发现你能更了解自己，也能看懂他人，还能快速找到同频的旅行同伴来一段愉快之旅。

## 二 旅行伙伴的 DISC 类型

旅行中的伙伴形形色色、性格不一，但用 DISC 理论来分析一下，你就会发现大体有 4 种不同类型的旅行同伴。

### D 型特质的伙伴：指挥者

关注事、行动快是 D 型特质的人的特点，如图 9-1 所示。

图9-1　D型特质

D 型特质的人在和好朋友一起去旅游时，总是担当团队总指挥的角色。

D 型特质的人直接、强势，在旅行需要做决策的时候，他基本不会询问你的想法，而是直接用实力来帮你解决问题。

在旅行中，D 型特质的人会将旅途的行程安排得妥妥当当，游玩的地点、停留的时间等都不需要你操心。目标非常明确，而且行动很迅速，决定要去哪个景点玩就会立刻出发。

### I 型特质的伙伴：影响者

关注人、行动快是 I 型特质的人的特点，如图 9-2 所示。

在团队中，I 型特质的人很重视与人之间的相处，重视分享，乐于助人，主意也多，在旅途中会引导大家尝试一些有趣好玩的东西，是团队中的影响者。

I 型特质的人性格乐观、口才好、热爱交际，喜欢和陌生人交谈沟通，所以旅途中的问路和询问或商谈价钱之类的事可以交给 I 型特质的人。

图9-2　I型特质

## S 型特质的伙伴：支持者

关注人、行动慢是 S 型特质的人的特点，如图 9-3 所示。

S 型特质的人细心周到，虽然做事情比较慢，但是他们十分支持团队，在团队中是支持者的角色。他们温和而有耐心、先人后己，能够十分细心、贴心地去帮助别人、迁就别人，特别重视稳定感和安全感。

图9-3　S型特质

S 型特质的人类似于团队中的“保姆”，因为他们总是在操心。如果团队里谁和谁有了矛盾，他们就会去调解，谁身体不舒服了，也会去关心。晕车药、防蚊药、创可贴等，他们在出行前也会事先准备好。同时他们也是团队里良好的倾听者，如果你有烦恼和困难不妨跟他们诉说。

## C 型特质的伙伴：思考者

关注事、行动慢是 C 型特质人的特点，如图 9-4 所示。

C 型特质的人对数字极为敏感，他搜集资料的能力很强，解决问题的能力很强，做事讲究条理、追求细节、重流程、重分析，并且有完美主义倾向，是团队中的思考者。

在旅行团队中，C 型特质的人能很好地规划旅游行程，对资金的花费和管理很有条理，而且会及时提醒队友集会的时间、地点等。

图9-4　C型特质

在分析过以上 4 种类型人的性格特点及代表人物之后，你会发现原来识别他人并不是一件多么困难的事情。

每个人都有自己独特的角色，DISC 每个特质的人都有自己的独特魅力，如果你能识别所在旅行团队中伙伴的 DISC 角色，并让他发挥出自己的独特作用，那么你的旅途一定精彩纷呈。

## 三　不同 DISC 特质的旅伴相处方法

在开始一段旅途时，最重要的是找到你的同频旅伴，这样才能营造和谐的团队环境，一起创造一段美妙的旅程。

简单来说，我们要想找到同频伙伴首先要提升自己对人的敏感度，光靠“识别”还不够，还要更加敏感，要“了解”。如果你掌握了这个能力，就可以在见面观察一个人后立刻了解这个人，明白与他的相处之道。

提升敏感度体现在以下 3 个方面：

第一，能不能识别。即观察不同特质的人做出的不同反应。

第二，能不能运用。就是知道什么是他想要的。

第三，能不能管理。就是知道什么是他需要的。

我们根据这 3 个方面分别对不同类型的旅行同伴进行分析，就能帮助你掌握与他们相处的方法，让他们都能成为你的同频旅伴。

### 与 D 型特质的人旅行

D 型特质的人他们一方面比较关注事情，另一方面比较主动。所以你会发现这类人的目标非常坚定，使命必达，而且速度很快。这主要体现为他们性格的强势、喜欢把控大局。如果在旅行中有需要做决策的地方，他们基本不会询问你的想法，而是直接做决定。

旅程中点菜的时候，率先点餐的一般就是 D 型特质的人。有这么一个旅行故事的例子，一位 D 型特质的旅伴在与别人一起毕业旅行时，每次吃饭他总会第一个点菜：“老板娘，你这里的招牌菜是什么呀？那就每样招牌菜来一份吧，麻烦您快一点，我们赶时间。”这样做的结果就是菜量太多，容易造成浪费。而且他第一个吃完之后就开始催促，要求团队成员们尽快吃完，然后继续别的活动。虽然大家最后还是听从了他的意见，但心里都有点不满和无奈，这样的旅程并不是特别愉快。

假如你在旅行中也遇到了 D 型特质的伙伴，那么你可能遇到的烦恼就是跟不上他的节奏。原本是想出来旅行放松一下心情，但结果可能是每日的行程都很满，让人觉得反而比加班还累。

那么与 D 型特质的人一起旅行，怎样才能更好地相处呢？

需要把握以下 3 个原则：

（1）不要给他造成压迫感。

（2）预防他过快做出决策。

（3）婉转地提醒他的错误。

比如在点菜的时候，如果他点了过多的菜，你可以跟老板娘说：“老板娘，你们家的菜看起来都很美味，还有没有其他的推荐呢？我们有 4 位，不知道点的菜够不够吃呢？”老板娘也会根据实际情况给你们提出建议，这时候就不用担心 D 型特质的人会生气了。

## 与 I 型特质的人旅行

相比于 D 型特质的人关注事的特点，I 型特质的人更关注人，人越多，他越开心、越觉得有趣。他不怕陌生人，甚至喜欢陌生人，在旅行途中，I 型特质的人最享受的事情就是和陌生人聊天，通过沟通去探讨当地文化中的独特之处。

I 型特质的人可谓是“说走就走”的典范，没有旅行规划或是事先预订酒店对他们来说都是小问题，他们喜欢把旅行当作一次冒险，跟着心情走，不进行具体规划，而是自由地探索新鲜好玩的玩法，他们有时还会觉得网上的旅游攻略都太过普通、没有新意而去找出一些与众不同的玩法来。正是因为抱着这种轻松探险的心态，所以和 I 型特质的人一起旅游总是会让人觉得充实和印象深刻。

但是 I 型特质的人想法比较多，而且改变的速度也很快，在相处中也会给你带来一定的困扰。所以与 I 型旅伴相处要把握以下 3 个原则：

（1）热情回应 I 型特质的人提出来的想法。

（2）告诉他，他的想法很有趣。

（3）强调你的感受。

比如当 I 型特质的人提出大家一起去蹦极这个建议而你又不敢去的话，可以这样回答："你提出的这个建议太有趣了，我非常想尝试。可是我有点恐高，不如换一个其他的项目吧。" I 型特质的人虽然动作快、想法多，但是还是很在乎别人的想法的，一般他都会接受你的提议。

## 与 S 型特质的人旅行

S 型特质的人和 I 型特质的人一样都很关注人，但是相对 I 型特质的人来说，S 型特质的人速度要慢一点，比较被动。

S 型特质的人比较委婉，害怕冲突，所以比较会观察别人的感觉和反应。一方面，当团队中出现了矛盾纠纷时，S 型特质的人能及时感知并努力调节；如果有人情绪不好或是不舒服，他们也会表达关心，十分体贴；为人随和，基本上团队的各种安排都能接受，在旅途中是挺好相处的一类人。但另一方面，他们又显得比较敏感，有时候 S 型特质的人可能会因为太过"随便"的心态出现马虎的情况，如订错酒店或订错入住时间等。当这类失误问题出现时，他会很容易难过和自责，这时候需要给他更多的关怀与包容，对他进行鼓励和安慰。所以与 S 型特质的旅伴相处要把握以下 2 个原则：

（1）多一两句温暖的话语。

（2）多一些关怀与包容。

比如由于 S 特质的人订错酒店，让同行的人只能连夜入住青年旅社的时候，他也会陷入内疚不安的情绪，这时候就可以安慰他说："住青年旅舍也挺好的，可以结识更多的朋友，你也不必太过自责。" S 型特质的人比较敏感、脆弱，这是与 S 型一起旅游需要注意的地方。

## 与 C 型特质的人旅行

C 型特质的旅行伙伴对任何事情都是高标准，并讲求细节，有完美主义倾向。所以大部分 C 型特质的同伴在出发前会以各种攻略、旅行 App 和过往的经验为基础，规划出一份经济实惠的旅行攻略或行程表，让人感觉十分可靠。

此外，C 型特质的旅伴十分冷静聪明，能够在出了意外之后快速安抚同伴并提供解决方案。

有这么一个故事，有人与 C 型特质的人一起去欧洲旅游时发现自己的行李在英国转荷兰的时候不见了，非常焦急无助。这时候 C 型特质的旅伴十分冷静地给他预估了两种结果和相应的处理方式：一是行李延误了，他们可以选择在这里等，但结果可能是行李不一定到并且还耽误当天的行程安排，或者是选择去机场登记信息，让行李到了后送到酒店，然后继续当天的行程；二是行李可能遗失，根据数据看，英国航空平均每 43 位乘客中就会有 1 名行李丢失，所以可以选择做好记录，然后联系保险公司。

在这样的分析下，这个人迅速冷静下来并选择了登记信息、继续该天的行程安排的处理方式。最后的结果是他们玩得十分愉快，并且行李也被送到了酒店。可以看出 C 型特质的人因为重流程、重分析，所以遇到突发情况也能理智分析和处理，与这样的人一起出门是十分有安全感的。

但是跟 C 型特质的旅伴出行，你会发现他们喜欢安静，不太喜欢去人山人海的景点。他们的防范意识也很强，所以适当地给他留下一些空间对于双方都比较好。而且有时候因为他们所制定的行程太过于完美，如果遇到意外没有完成，他们就会因为原本过高的期望而变得很失落甚至不开心。

所以与 C 型特质的旅伴相处有以下 3 个原则：

（1）与他保持一定的距离。

（2）用数字说话。

（3）善用比较法。

比如你在跟 C 型特质的旅伴讨论旅行行程或酒店机票的预订等时，可以用对比数字价格的方法和其他横纵向的比较来让他信服你的选择。

当你清楚了与不同 DISC 特质伙伴的相处方法之后，你就可以根据自己的频率来选择适合你的同频旅行伙伴。

# 四

# 3 招搭建理想旅行团队

在旅行中，最愉快的事莫过于你的旅行队友都是你的同频伙伴。那么该如何组建一支理想的同频旅行队伍呢？

不同 DISC 特质的人都有自己的独特魅力，如果我们想组建一个同频的旅行团队，最好能巧妙地针对每个人的特质进行组合。只需 3 招，我们就能简单、有效地搭建理想的旅行团队。

## 确定旅行人数

想开启一段旅程，首先应确定一个恰当的或者你认为合适的旅行人数。如果你认为人太少有点无聊或者人太多有点吵，那么 4 至 6 人的同行人数是个非常理想的选择。这样的出行人数，不仅大家的意见都可以得到兼顾和权衡，还可以充分发挥每个人的长项。

注意男女比例要协调。全男或者全女也不是不行，但终归不够热闹，所以男女搭配比例协调最好。

除非不得已，单独的个人请尽量避免跟情侣同行，因为情侣就相当于一个小团体，这样对整个团队的整体氛围是会有一定影响的。但如果你也是和另一半一起出行，就可以和其他情侣一起游玩，但出行的前提是大家要确保这样的两两组合不会有人不开心。

## 挑选旅行伴侣

一个理想的旅行团队，彼此的性格特质要有所区分，如果我们能很好地运用 DISC 这个工具，在旅行前分析一下团队成员，将会给我们的旅程带来很多的便利。

这里有一个在美国旅行的团队案例，他们在旅行中充分发挥了自己的 DISC 特质，让每个人对这趟旅行都感到十分愉快。

首先是 D 型特质的成员，他非常有主见。因为以前曾多次自驾美国，他对美国的情况较其他成员更为熟悉，所以自驾之旅都是由他来开车。除此之外，这位 D 型特质的同伴还很会拍照，一路下来，为各成员拍了不少的照片，大家都特别开心。

然后是 I 型特质的成员，因为 I 型特质的人喜欢与陌生人沟通，所以路上关于问路、买东西等的事项都被他承担了下来。而且 I 型成员特别会寻找美食，还爱讲笑话，所以有他的地方总是有欢声笑语。

S 型特质的成员在团队中特别喜欢助人为乐，每天出门前会为团队中的其他成员准备好水、水果和食物，非常细心周到。这位成员本身的 I 型特质也很高，她也喜欢有趣新鲜的事情，沟通能力也特别强。由于在这个团队里已经有了一个 I 型特质的人，所以她把自己的 S 型特质调得很高。这也是需要强调的地方，如果你和团队中的某个人特质相似，那么你可以尽量表现出或者调高与他不同的另一面特质，这样才能在团队中更好地发挥自己的作用，展示自己的能力。

该团队中的 C 型特质成员在旅行前就为每个成员买到了便宜的往返机票、并预订了车和房，还把她负责的美国西部行程做成了详细的表格，包括每天早中晚的路线景点等都列得清清楚楚。除了详细的行程之外，她还将旅程中的每一笔花费都记了下来。她逻辑清晰、条理清楚，整个行程在她的帮助下被安排得十分妥当。

正是因为团队中各成员的 DISC 特质得到了完美发挥，这段美国之行成为成员们一段难忘的回忆。如果你也在筹备自己的旅行团队，不妨从 DISC 这 4 个特质上来挑选你的旅伴。

## 正确的旅行心态

一段和谐美妙的旅程需要每个成员都用心对待，这样才能建立起一个满意、理想的旅行团队。在建立旅行团队时可以分为 3 个阶段：第一阶段是角色认知，即给自己定位；第二阶段是主动作为；第三阶段是共建团队，提高参与感和满意度。具体的做法就是借助 DISC 这个工具，识别自己与伙伴的性格特质，了解对方真实的想法与感受，体谅别人的不足之处，学会欣赏别人的优点，改变自己的不良习惯和不好的情绪，从心出发，相互包容、相互理解。当团队里的每个人都把集体的共同利益和宽松礼让的美德放在心上时，很多问题都会迎刃而解。我们相信这样的旅行就是一场“走心”的旅行。

一生中至少要有两次冲动，一次为奋不顾身的爱情，一次为说走就走的旅行。愿你学会运用 DISC 找到同频伴侣，一同去看最美的风景。

### DISC经典

学会 DISC，可以让你在旅行中调整频率，将所有旅伴都变成自己的同频伙伴。

10

# 婚恋实战

## ——助力摆脱单身，走进婚恋殿堂


**艾金凤**

- DISC 国际双证班第 53 期毕业生
- 国家二级心理咨询
- 婚姻家庭咨询师

关注“艾金凤”

# 一
# 被动单身的原因

很多人都爱看情感类的电视剧，都喜欢从别人的人生里找到自己对感情的期许，可尽管累积了很多戏剧中的情感印象，但在实际的生活中，却有很多人并不能完善地处理自己的感情关系，不得不保持长期的单身状态。

什么是单身？单身是指一个人成年以后仍然保持的生活中没有配偶的独身状态，可以是离异或丧偶，也可以是没有男（女）朋友。

被动单身的原因主要有哪些呢？

## 消极等待的择偶态度

单身问题在当今社会非常普遍，有很多到了适婚年龄的青年仍然保持着单身状态。说到单身原因，可能很多人都会归结为对方要求太高，女生觉得“好男人都结婚了”，男生觉得“女人都拜金”。还有很多人认为自己的生活圈子太小，难以结识异性，或者工作太忙，没时间找对象。

如果询问单身的朋友如何理解爱情，估计很多人会说：爱情就是缘分。可什么又是缘分呢？他们会说：缘分就是可遇不可求。

很多人对爱情都是抱着守株待兔的心理，希望有人主动来追求自己，且这个人恰好也是自己喜欢的人。

据统计，我国单身人群的数量每年都在增加。在这个竞争越来越大的婚恋市场里，被动等来自己喜欢的追求者概率很低，除非自身有足够的优势。比如有颜值，女性貌美如花、男性高大伟岸。

另外，还有很多人认为生活圈子窄、工作繁忙等原因影响了自己的婚恋。其实任何生活圈子、任何工作环境，只要有人可以与我们产生联系，就有发生转换的可能。比如医生身边的病人、教师身边的家长、银行职员身边的储户等。当然，这并不是说我们要把业务对象发展为自己的恋人，而是可以通过这些业务对象认识更多的人，很多时候，你的业务对象就是你的婚恋介绍人。要想在婚恋市场中找到位置，必须改变消极等待的态度，积极行动。

## 缺失恋爱知识的教育

可能很多人都有过类似的经历——初、高中时期，老师和家长一再告诫不能早恋，会影响学业，甚至大学期间都要求一定要专心学习。很多人直到大学毕业也没有谈过恋爱，但毕业后一参加工作，家长立刻就开始催婚。

在这一代青年的整个成长过程中，大部分人的恋爱知识都来源于小说、电视剧、网站或者其他人的谈论。被限制的恋爱时机，一知半解的恋爱知识，普遍缺乏的性教育，也从客观上对当代青年的择偶造成了阻碍。

## 自相矛盾的择偶条件

每一个适婚年龄的青年几乎都有自己的择偶条件，都希望自己未来的配偶具备自己需求或喜欢的条件和品质，但事实上，很多人的择偶条件都是很难满足且自相矛盾的。

比如，女人说，我想要一个浪漫、幽默、性感、有魅力的配偶，同时希望他有赚钱能力，并绝缘于其他异性。比如，男人说，我想要一个温柔、顾家、贤惠的配偶，同时希望她有魄力、有事业、有主见，既要上得厅堂，又要下得厨房，一个同时满足这些条件的人肯定是一个美好且不多见的人。

择偶怕条件多，不怕条件高，哪怕某一个要求特别高也有很多人可以满足。

比如女人要求男人富有，而不在乎他的外形；或者要求外形，而不在乎他是否富有。在选择目标前，可以根据自己的条件进行排序。很多情况下，排在前面的要求难以满足，依据次要要求更容易找到。适当调整自己的择偶标准有助于顺利走进婚姻殿堂。

### 单调保守的生活方式

想一想，除了上班，你的生活中还有没有其他交际内容？你参加过社会公益活动或行业协会活动吗？除了同事、同学以外，你还有其他的朋友吗？

朋友需要自己去认识和选择，需要花费时间、精力去经营和维护。一个新的朋友，可能就是你未来的配偶，也可能是给你介绍配偶的人。所以走出家门，多参加活动，多认识一些志趣相投的人，多培养爱好，提升认知，才更可能认识你希望遇见的人。

## 二 长期单身的坏处



一个人如果长期保持单身状态，特别是被动保持单身状态时，其身心健康很容易在无形中受到影响或损害。

### 越来越不自信，隐藏内心需要

被动长期单身的人很可能会在自我认知层面上出现不自信和自我否定的情况。心理学家认为，部分单身者在独身状态中会将精力转移至工作和学习上，将婚姻需要隐藏起来，但随着时间的推移，被隐藏和忽视的问题会越来越突出。

### 交际能力降低

长期的单身生活可能会使被动单身者因为自卑而封闭自己，不愿与人交往，从而使人际交往能力受到影响，并形成恶性循环。长期单身的人很容易对亲密关系产生不安全感，导致在人际交往中，特别是与异性交往时过度敏感、防范心理过重。此外，由于亲人朋友通常会比较关注单身者的婚姻状况，部分单身者会减少与其交往的频率，导致社会支持系统受损，交往能力进一步下降，找到合适伴侣的可能性进一步减少。

### 缺乏责任感

专家指出，单身者因为早已脱离以父母为主体的家庭，又长时间未能进入与伴侣组成的新家庭，因此很容易出现缺少责任感、不愿意承担相对社会责任的情况。很多人内心对承担责任怀有恐惧，而不承担责任的行为也非常容易演化为缺少自我约束。

### 心理失衡影响健康

许多适婚年龄的单身青年会承受很多来自外界的压力，他们无法控制这种外界给予的压力，从而难以真正专注自己的需要。很多时候，一个适婚年龄的单身青年的婚姻问题不再是自己个人的事，甚至会成为家庭、亲朋好友共同的事情。对于单身青年而言，外界的压力无从排解，有时候即使事业很成功也难以减少父母或亲朋好友对自己单身问题的关注度，久而久之，就容易产生失眠、焦虑、抑郁等问题。

## 三 摆脱单身的 8 个步骤

摆脱单身的过程就是两个人从相识到结婚的过程。虽然恋爱、婚姻主要还是依靠个人的主观感受，但是如果希望摆脱单身进入婚姻殿堂，一样是有章可循的。

### 认识异性

认识异性的途径有很多，如通过朋友介绍、相亲或者工作环境中的交往。工作中参加行业协会的活动，生活中参加兴趣班和培训班等都可以接触更多同类型的人。想要摆脱单身的人应该尽量主动告诉其他人自己正处于单身状态，希望寻找合适的对象。同时，要学会合理安排自己的时间，创造结识配偶的契机，比如每周至少两次参加活动，以认识更多的异性和同性，增加成功的概率。

## 一对一约会

很多人为了防止约会气氛过于沉闷，会倾向于群体约会，也就是多人或多对情侣一起活动。事实上，一对一的约会更有利于双方进行充分的交流，了解彼此的兴趣爱好、生活习惯等。

一个人在认识一个基本符合择偶条件的异性后，约会 3~5 次，如果彼此有好感，愿意进一步交往，就可以确定恋爱关系了。如果约会 3~5 次之后对对方没有感觉，甚至对对方心有不满，则可以停止约会，寻找下一个目标。

## 确定恋爱关系

确定恋爱关系是两人交往中非常重要的一个步骤，也是两人关系升华的重要标志，在确定恋爱关系的过程中，主要包括表白、公开、排他、亲密接触等阶段。



### 1 表白

确定恋爱关系，首先需要双方进行表白，最好是面对面的表白。表白需要精心准备，可以挑一个值得纪念的日子，比如说相识 33 天、50 天、66 天、100 天等，再准备一些小礼物，挑选一个合适的地点，确认恋爱关系。

### 2 公开性

双方确定恋爱关系后，应该对朋友进行公开，聚会时大方地对朋友进行介绍，这是我女朋友（或男朋友）。

### 3 排他性

确定恋爱关系以后，双方就是彼此唯一交往的对象。恋爱关系的维护需要集中精力的投入，否则会导致双方的关系进展缓慢。如果多人同时交往，容易塑造出不健康的感情观，进而影响恋爱关系。

### 4 有适当的肢体接触

确定恋爱关系后，双方要有适当的肢体接触，比如牵手、拥抱等。有适当的肢体接触，说明彼此之间不抗拒、不排斥。如果互相没有彼此牵手的欲望，说明两个人可能并不合适。有很多人会认为，不触碰是对别人的尊重，但如果有人对你没有亲密行为，却只赞美你适合当配偶，这种情况可能并不是好事，可能他仅仅是根据他父母的眼光，或者社会的眼光做出的择偶判断，并没有感情的支撑。

## 深入交往

大多数人在前期的约会阶段，活动和话题都比较简单，如吃饭、看电影等，这种约会活动不会涉及生活的本质，也无法进行深入的了解。所以在深入交往阶段，可以将话题扩展到事业、家庭、人生观、价值观等方面，甚至可以聊到未来的家庭计划，如收入安排、家庭责任分配等。

## 共同旅行一次

确认恋爱关系后，如果需要继续深入了解，并且希望双方能够一起经历和解决更多事情，可以适当增加共同生活的时间，了解一下彼此的生活能力和生活习惯。生活习惯相同或接近，比较利于长时间交往。

另外，婚前建议进行一次自助的长途旅行，从策划路线到寻找旅店，整个行程的吃住行都由自己负责。在这个过程中，可以了解双方处理事情的能力和思维方式，共同规划和解决问题之后有助于加深双方的感情。

## 见父母

旅行后，如果双方仍然很满意，有结婚的意向，就可以去见见双方父母。很多父母在子女恋爱的过程中就急着相互约见，其实在这个阶段，不建议正式到父母家里拜访，可以选择非正式约见的方式，比如选择中午或普通日子进行一个短时间的聚会。

## 求婚

结婚前有一个十分重要的仪式，就是求婚。婚姻需要仪式感，求婚可以简单办理，但最好不要省略。从调查数据来看，99%的女生希望男生能够主动求婚，并且求婚时能有一些小创意。如果求婚环节很成功，不仅会给对方留下珍贵的记忆，还能成为一生幸福的伏笔。

## 登记结婚

求婚成功意味着即将迈入婚姻的殿堂。通常需要选择一个有意义的日子去民政局办理婚姻登记手续，然后定一个良辰吉日举行婚礼，或者旅行结婚。

当然，离婚现在也是一种常见的社会现象。据统计，2017 年上半年中国离婚率最高的城市分别是北京、上海、深圳、广州、厦门、台北、香港、大连、杭州和哈尔滨。而离婚结婚比（离婚人口数除以结婚人口数）最高的省份（直辖市）为天津市、黑龙江省、吉林省，分别为 60.50%、58.92%、56.34%，北京市以 50.60% 位居第 4。

# 四

# 了解相亲禁忌



在我国，相亲是适婚男女认识的主要方式之一。有数据显示，有 50% 以上的人有过相亲的经历，有 20% 的人通过相亲遇到了一见钟情的对象。现在有些年轻人十分抗拒相亲，其实关于相亲，大家完全可以抱着交普通朋友的心态，不抱太大的期望就不会过于失望，如果见面之后超出预期，还能收获一个意外惊喜。

其实会选择相亲的人都是同类人，且大多属于一个社会阶层，所以从配对的角度上来说相亲更有效率。相亲之前，应该调整好自己的心态，适当注意自己的仪容仪表，提升个人的卫生水平和审美能力，增加成功的概率。

此外，在相亲时还需要注意几个基本的问题。

**不要太直接。**相亲的好处是直接，相亲的坏处也是直接。两个人相亲第一次见面，不宜谈论过于深入的话题，否则很容易让对方觉得冒犯。相亲时忌讳的谈话方式就是一问一答，比如：你叫什么？多大年龄？工作单位？收入多少？在交谈过程中，最好两个人都能贡献一些话题，同时充分表达对对方的尊重和兴趣。

**不要直接否定对方。**在第一次见面了解不够的基础上，不应该直接否认对方，放大对方的缺点。两个人之间要产生感情，往往需要经历一些过程和媒介，也需要一些包容和理解。所以第一次相亲结束后，如果不是完全反对和拒绝，可以赞美一下对方的优点，争取下次见面的可能。如果见面超过 3~5 次，还是没有想进一步的感觉，或不能接受牵手等行为，就可以明确说明自己的感受，优雅地分开。

**选择合适的相亲地点。**一般来说，不建议选择人多嘈杂的地方作为相亲场所。可以选择一个有情调、安静、方便聊天的场所，如咖啡馆，给双方一个良好的沟通空间。

善待相亲对象，机会总是在不经意间出现，记得随时展现自己美好的一面。

## 五 运用 DISC 找到对的人

两个人之间最好的相处模式建立在识别自己，同时也了解他人的基础上。换句话说，一个人在寻找合适的配偶之前，最好先清楚自己有什么，想要什么，什么样的人和自己更匹配。交往就是人与人之间的相处，只要是与人打交道的场合，人际敏感度都起着决定性的作用。如果能够在自己的婚恋关系中灵活运用 DISC，就可以将感情问题处理得更好。

DISC 根据一个人是关注人或事、行动快或慢，将人的行为特质分为 4 种类型。这 4 种特质并没有好坏对错之分，每个人身上都有 DISC 的 4 种特质，只是比例不同，造成了每个人行为和想法的差异。只有建立在理解的角度上，灵活运用自己的不同特质，维护两人之间的感情，才能收获更完美的婚恋关系。以 D 型特质的男性与不同特质的女性沟通为例，双方在相处时应该采取的态度通常如下。

### 1 D 型特质男 +D 型特质女

D 型特质男 +D 型特质女是一个以结果与刺激为导向的组合，有彼此个性相近之处，也有行为互补之处。

D 型特质男 +D 型特质女在相处过程中，应该做的事：

（1）彼此都容易情绪化，所以要控制自己的脾气。

（2）增加彼此倾听的能力。

（3）先生多体谅太太的辛劳，让太太没有后顾之忧。

（4）按计划行事，不要太快改变。

D 型特质男 +D 型特质女在相处过程中，应该注意的事：

（1）避免过度刺激的语言。

（2）己所不欲，勿施于人。

（3）增加生活的交际，减少单独行动的概率。

（4）主动分担家务事，增加双方对家庭的依赖。

## ❷ D 型特质男 +I 型特质女

D 型特质男 +I 型特质女是一个十分情绪化的组合，可以爱得轰轰烈烈，也可能互相指责埋怨。

D 型特质男 +I 型特质女在相处过程中，应该做的事：

（1）别被感情冲昏头，凡事考虑周全。

（2）经常分享彼此的感受，让婚姻更加稳固。

（3）要有短、中、长期的理财计划，关心自己的财务状况。

（4）要有预算的观念，养成记账的习惯。

D 型特质男 +I 型特质女在相处过程中，应该注意的事：

（1）不要在气头上意图压过对方。

（2）不要轻易指责对方的社交和朋友。

（3）不要过度重视生活的享乐，忽略精神层面的滋养。

（4）不要“翻旧账”，新仇旧恨加在一起，很容易破坏双方关系。

## ❸ D 型特质男 +S 型特质女

D 型特质男 +S 型特质女的组合中，先生的执着和太太的耐性是兼具知性和感性的组合。太太会回应先生的要求，家庭关系和谐平稳。先生发表意见时，太太会是一个很好的倾听者。

D 型特质男 +S 型特质女在相处过程中，应该做的事：

（1）给太太说一些贴心话。

（2）花点心思了解太太的喜好。

（3）先生适当给太太放一天假。

（4）太太多引导先生说出自己的心声。

D 型特质男 +S 型特质女在相处过程中，应该注意的事：

（1）不要要求太完美。

（2）不要疏于表达，使婚姻关系疏远。

（3）不要太看重实际，而忽略情绪的处理。

（4）不要双方都缺乏稳定的收入。



## ❹ D 型特质男 +C 型特质女

D 型特质男 +C 型特质女是一个外交官和科学家的组合，十足的互补，挑战很大，也很精彩。

D 型特质男 +C 型特质女在相处过程中，应该做的事：

（1）信任。

（2）接受对方的优点，正视自己的不足。

（3）负责自己擅长的家事。

（4）先生遵守太太的规定，太太给予先生“面子”上的支持。

D 型特质男 +C 型特质女在相处过程中，应该注意的事：

（1）先生不要指责太太缺乏情趣。

（2）太太不要批评先生不切实际。

（3）先生不要批评太太的求好心切。

（4）不要一个走得很快，一个走得很慢。

要想发展更理想的婚恋关系，应该首先了解自己，了解对方，保持主动，并长期坚持，同时拥有合适的心态。不要寄希望于靠缘分遇到特别合适的人，希望每一个单身人士都有能力把遇到的人变成特别合适的对象。

### DISC经典

谈恋爱最重要的 5 件事：彼此坦诚，合理处理异性关系，有自理能力，不要因为父母放弃对方，有单独的相处时间。

# 11

# 装修风格

## ——打造属于你的舒适空间

**宋佳慧**

- DISC 国际双证班第 51 期毕业生
- 室内高级设计师

关注“宋佳慧”

# 一

# DISC 与室内装修沟通



宅，人之本；人，以宅为家。

关注房地产行业的人都知道，近年房价一路飙升，尤其是在北京、上海、广东、深圳等一线城市，买房实属不易。因此很多购房者对室内装修就格外重视。室内设计师们经常会遇到一些有自己想法和喜好的客户。客户往往对装修风格没有特别清晰的认知，经常将一些家具、饰品或喜欢的元素融合到一起，混搭之后反而不能达到良好的效果，因此就需要专业设计师的参考意见。对于室内设计师而言，家居设计不仅要满足其功能性，更需要迎合客户的心理，才能设计出双方都满意的装修作品。

DISC 是一种用于了解人的工具模型，有人和事、快和慢两个维度，它将人的行为特质分为 D、I、S、C 这 4 种类型。室内设计师根据客户的不同行为表现和特质，可以为其推荐更适合他们的室内装修风格。

## D 型特质客户的观察与沟通

D 型特质客户：支配 / 领导型，关注事，行动快。

D 型特质比较高的人通常面无表情，甚至觉得牵动一下脸部肌肉都是在浪费时间。繁忙是 D 型特质人常见的状态。他们拥有极强的时间观念，在组织中有极强的存在感，很容易对他人产生巨大影响，特别是在公司里，D 型特质高的领导经常让员工产生紧张感。

## 1 D型特质客户的基本特点

在选择室内装修方案时，D型特质客户的观察带着极强的目的性，他们会预估和注重细节，并直接告诉你结论，不会浪费时间和口舌去解释。他们倾向于快速决策，要求直接的结果，更喜欢做选择题和判断题。对D型特质的客户而言，小问题无关紧要，但要事必须遵循他的意见。由于D型特质的人关注事，所以不要用拉人情的方法和他们提要求。

D型特质的客户态度直接，有强烈的企图心，但容易忽略细节问题。S型、C型特质的设计师在与之沟通时可能会感觉到十分直接的压迫力。

## 2 与D型特质客户沟通的要点

D型特质的客户有执行力，有很强烈的成功导向，目标非常明确，如果无法掌控全局，又容易陷入焦虑的状态。所以设计师在面对D型特质客户时，一定要把掌控权交给他，给他直接、快速的帮助，促使他们做出决定。比如成本可以减少多少，受益可以增加多少，速度可以增加多少，让D型特质客户可以依据提供的事实信息，迅速看到效果，从而做出决定。

与此同时，由于D型特质客户行动快，不喜欢知道太过细节的技术，所以在与之沟通时，不要进行冗长的铺垫和过多的细节介绍，因为这样很可能抹杀他们的热情。给D型特质客户做选择题之前，应该自己先做好相应的比较，给予他们专业的参考意见，展现自己的自信。

D型特质客户中有很多领导型人物，沟通时最好让他们先表达，再拿出自己的效率，给他们希望的结果。所以遇到D型特质客户时，一定要尽快做出方案，可以先推荐一些他们可能喜欢的风格，摸清他们的具体喜好，这样在面谈时才能提高效率。

通常来说，如果装修设计的效果比较理想，D型特质客户一般不会一项项核对预算项目，大多会直接询问总价，也很少浪费时间讨价还价。当价格和效果都在他们的心理预期范围内时，会很容易促成交易。在D型特质客户后期的服务跟踪上，要经常向其汇报进度，需要他们做决定时可以先给出自己的看法。

## I 型特质客户的观察与沟通

I 型特质客户：影响 / 互动型，关注人，行动快。

I 型特质高的人魅力四射，很有创意，喜欢与周遭的人互动，心直口快，肢体语言比较夸张，善于营造气氛。他们是团队中的开心果。

### ① I 型特质客户的基本特点

I 型特质高的客户往往是开放、快乐、敢爱敢恨、表情丰富的。他们衣着鲜艳，钟情于糖果色的饰物和独特的发型，道别时尾音拖得很长，热情响亮，声调上扬，说话幽默，并且十分有创意。他们比较喜欢用极端的词汇，比如超、最、顶、爆，用以修饰情感，加强感染力。

I 型特质客户喜欢肢体接触，在工作交往中喜欢握手，甚至勾肩搭背，加上略显夸张的肢体语言，用来表达他们的热情和肯定。

I 型特质客户是标准的乐观主义者，恐惧遭到排斥、失去社会认同，在人际交往中显得非常主动。他们在金钱问题上十分大方，有时候会因为过于不在乎金钱而引起不必要的误解。因为他们时时主动向别人嘘寒问暖，所以朋友非常多。

### ② 与 I 型特质客户沟通的要点

在面对 I 型特质客户时，穿着打扮切忌沉闷，俊男美女和流行服饰会给 I 型特质客户留下深刻的印象。介绍产品时可以多使用一些描绘性的词汇，如美丽、亮丽、引人注意等。与 I 型特质客户交谈时建议选择餐厅、俱乐部、茶艺馆等地点。在交谈过程中，要为 I 型特质客户提供专业的建议，告诉他们有哪些名人也使用了这项产品或方案，从而提高成单效率。不要急着把东西卖给他们，而应该先得到他们的认同与信任。成交之后，可以送一些比较流行的物品给 I 型特质客户，并多与 I 型特质客户沟通，不要让他们觉得你只是为了成交而联系他。

## S 型特质客户的观察与沟通

S 型特质客户：稳健 / 支持型，关注人，行动慢。

S 型特质高的人往往会展示出对他人的支持和赞美，他们喜欢说“对不起”，这句话可以保护他们远离别人的压力和自身的愧疚感。

### ① S型特质客户的基本特点

S型特质客户在装扮上通常没有特点，大多数时候都力求与多数人保持一致。如果穿着特别亮丽和帅气反而会让他们不自在。S型特质客户与人为善，在日常交往中会尽量避免人际矛盾，让他人处于最舒适和满意的状态，为此宁愿自己吃点小亏。

S型特质客户乐于助人，但其个性也很容易被人视为软弱无能。由于他们对人际关系很敏感，所以面对压力时往往是默默忍受，不会表露出自己的真实情绪。他们喜欢自我反省，总怕自己成为别人的负担，总是考虑别人的立场，在和谐的前提下选择妥协。

S型特质客户不太希望改变，非常害怕环境的突然改变或者失去保障。S型特质客户很有耐心，他们的心情容易预测，立场超然，愿意与人合作，不太会拒绝别人。但S型特质客户缺乏主见和自信心，做事容易犹豫不决，有着典型的选择综合征。

### ② 与S型特质客户沟通的要点

设计师面对S型特质客户时，一定要优先取得客户的信任。S型特质客户通常不会匆匆做出购买决定。一般情况下，S型特质客户即使不满意，也不会直接表现出来，但是一旦认可了你，就不会轻易离开。不要给S型特质客户造成对立气氛，尽可能提供平稳、持续的服务，给他们留下更多的思考时间。另外，S型特质客户比较在意家人和朋友，可以尝试从家人或者朋友的角度去鼓励他们做决定。



## C型特质客户的观察与沟通

C型特质客户：谨慎/修正型，关注事，行动慢。

C型特质的人注重逻辑，喜好思考和分析，喜欢比较简单的生活方式。

### ① C型特质客户的基本特点

C型特质客户的外观打扮通常比较简单整洁。他们喜欢和别人保持距离，不喜欢与别人有肢体接触。

C型特质客户喜欢直接陈述事实，他们喜欢用数据说话，在工作上追求专业。C型特质客户大多重视规定与原则，他们慎言慎行，思路清晰，旁人不容易从面部表情发现他们的情绪，他们恐惧被批评，总想把事情做得完美，赢得赞扬，不喜欢陌生人群，在陌生人群中会没有安全感。

在遇到原则、规定、政策、方法等不清楚的情况时，C 型特质客户容易无所适从，甚至焦躁，所以不喜欢看到别人犯错。他们在遇到自己的短板时，会谨慎思考过后再做出选择。

### ❷ 与 C 型特质客户沟通的要点

面对 C 型特质客户时，一定要注意细节问题，强调服务记录或远景，明确规范流程指引，呈现详尽的数据图表，展示使用前后的例证，展现自己的专业性，才能获得 C 型特质客户的认可。通常来说，“保证书”“免费试用”“不满意退款”等都可以让 C 型特质客户的安全感得到满足和保障，避免使用“也许”“可能”“大概”这些不确定的字眼。同时，不要过于急切、兴奋和热情，牢靠的市场数据、确切的事实、权威机构的统计才能快速获得 C 型特质客户的信任。

## 二 DISC 装修风格推荐

不同行为特质的人通常会有不同的习惯偏好，设计师可以抓住不同客户的特点和偏好为其推荐相应的风格，投其所好，提高成交概率。

### 针对 D 型特质客户的装修风格推荐

给 D 型特质客户推荐装修风格时，可以试着优先推荐端庄、奢华、雍容华贵的法式风格、东南亚风格、中式风格等。

法式风格在布局上突出轴线的对称、恢宏的气势、豪华舒适的居住空间，是一种十分高贵典雅的贵族风格。法式风格在细节处理上多运用法式廊柱、雕花、线条等，制作工艺精细考究，点缀在自然中。

东南亚风格以宗教色彩浓郁的深色系为主，如深棕色、黑色、金色等，使人感觉沉稳大气。在材质上，东南亚风格广泛地运用木材和其他天然原材料，如藤条、竹子、石材、青铜和黄铜，有时也采用一些金色的壁纸、丝绸质感的布料，并且特别注重灯光的设计，处处能体现稳重感和豪华感。

中式风格是一种庄重、优雅，富有文化内涵的风格。很多有名的宫殿、庙宇都是中式风格。从玄关照壁、祥云椅背、青花瓷的脸盆等饰品中也能感受到一种气势恢宏、壮丽华贵的感觉。

## 针对 I 型特质客户的装修风格推荐

在给 I 型特质客户推荐装修风格时，可以试着优先推荐浪漫、活泼、俏皮、充满个性的混搭风格、地中海风格、田园风等。

混搭风格是指将不同风格、不同材质、不同价值的东西按照个人喜好拼凑在一起，从而混合搭配出完全个性化的风格。混搭风格具有很大的随意性和自主性，打破了其他风格装修的单一性和固定性，强调装饰的层次感，非常具有个性化。

地中海风格的建筑通常采用拱门与半拱门、马蹄状的门窗。建筑中的圆形拱门及回廊通常采用数个连接或以垂直交接的方式，在人们的走动观赏中出现延伸般的透视感，营造一种浪漫空间。

田园风格是一种温馨舒适、甜美浪漫的风格，室内环境表现为悠闲、舒畅、自然的田园生活情趣，以及自然、简朴、高雅的生活氛围。

## 针对 S 型特质客户的装修风格推荐

S 型特质客户热爱和平，比较顾家，在给 S 型特质客户推荐装修风格时，可以试着优先推荐清新、雅致、清爽、幽静的现代简约风格。

现代简约风格是一种经济、实用、舒适的装修风格，在空间布局、色彩运用、材质选择上给人温馨、干净、安全的感觉。

## C 型特质客户装修风格推荐

在给 C 型特质客户推荐装修风格时，可以试着优先推荐简单、整齐、匀称的北欧风格、极简风格等。

北欧风格以简洁著称，是一种朴素、简单、低调内敛的风格，既可以体现生活的随意感，也能保有视觉上的平衡感。

极简风格低调内敛，常用黑、灰等无彩色系，或用暖色调搭配白色彰显力度和干练的感觉。有时用蓝色和深灰色体现高端感和稳重感。

需要注意的是，室内装修以居家舒适度为基本原则，家庭成员之间可能喜好风格不同，所以并非一定要严格按照客户的性格特质进行装修风格的对应，而是应该按照客户及其家人、朋友的实际喜好，房间的实际情况等推荐相对合适的风格，并给客户足够的自主决定权。

**DISC+经典**

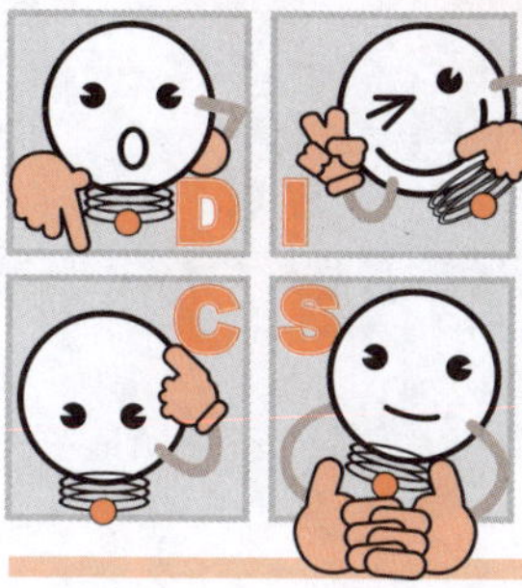


大多人喜欢的装修风格都受自身的性格因素影响。装修设计师根据客户的行为特质判断其性格特点，再推荐恰当的装修方案，可以提高成交概率。

12

# 智慧父母

## ——做知孩子、懂孩子的好父母

**张艳平**

- DISC 国际双证班第 48 期毕业生
- 人才智本企业管理咨询（成都）有限公司联合创始人
- "人才智本 @ 效能管理系统"联合发明人
- 组织与人才发展教练

关注"张艳平"

# 一 我们真的懂孩子吗

无论是谁，在孩子呱呱落地之时，别人问他：你爱你的孩子吗？他都会毋庸置疑地回答：爱。但是如果再问他：你懂你的孩子吗？答案也许就没那么肯定了。

有的父母认为自己很懂孩子，但是在仔细回顾自己“爱孩子、懂孩子”的行为时，就会发现：其实我们还不够懂孩子。

孩子是独立的个体，虽然他们容易受到父母的影响，但是也具备自己的天性。很多家长认为孩子就是一张白纸，可以任自己在上面涂抹颜色。实际上，在与孩子相处的过程中，我们会发现，每个孩子都有自己独特的性格特点，而我们也并没有自己想象的那么了解孩子。

如果懂孩子，我们就不会认为孩子是一张白纸或一团泥巴，需要我们去“塑造”，我们想把他塑造成什么样子就是什么样子；如果懂孩子，我们就不会用“看哪个孩子表现得好”的话语来鼓励孩子间的竞争，如果孩子不够积极主动，我们就会担心他吃亏；如果懂孩子，我们就不会要求孩子要坚强，如果孩子动不动就哭，就视为懦弱、缺乏勇气；如果懂孩子，我们就不会强迫孩子要懂得分享，如果孩子不愿意分享，就批评他自私、小气……

对于父母来说，他们一直都在学习怎样成功地养育一个孩子，教授他们价值观与恰当的礼仪，和他们分享生活的技能。尽管如此，他们仍不能决定孩子的行为模式，因为孩子是他自己。

我们都有过这样的体验：孩子到了婴儿期，会逐渐显示出性格轮廓，有的勇敢，有的胆怯；有的活泼好动，有的文雅安静；有的爱管闲事，有的却诸事不管；有的文明、礼貌；有的却任性、霸道等。这些都是孩子性格萌芽初期的表现，孩子性格的可塑性是很大的，可以在家长的教育引导下发生改变，但是性格也具有相对稳定性。一般来说，孩子的性格在3岁左右展现了比较明显的个体差异，在这之后，随着年龄的增长，其性格改变的可能性会越来越小。因此作为一个合格的家长，我们需要认识到孩子作为一个个体的差异性，从性格特质方面去解析孩子的行为特质，做一个真正懂孩子的父母。

# 二　DISC揭秘孩子、父母的行为



借助DISC行为观察术，分析人的行为性格，就能对自己是什么性质的父母，孩子是怎样的性格特点有一定的了解。需要提醒的是，这些特点中体现的是不同特质的性格特征，而不是单纯的优缺点。它不是父母为自己或孩子做得不好的地方找借口的理由，而是为了他们在了解自己的性格特质之后，能有意识地对自己、对孩子进行调整。避免作为父母的将自身的行为模式强加到孩子身上，在双方之间建立起一个和谐沟通、愉快成长的桥梁。让每个人都能成为更好的自己。

## DISC揭秘孩子的性格特点

在透过孩子的外在行为及语言，识别到不同特质孩子的性格特点及内在行为特质后，我们才能用同理心的方式跟孩子站在一起，真正理解他们的情感，了解他们的感受，明白孩子想要什么，真正需要的是什么，以他想要及需要的方式进行同频的沟通及教养。

下面是不同行为模式孩子的行为表现。

**D 型特质孩子的行为特征** D 型特质孩子属于支配型的孩子。他们喜欢领导他人，喜欢掌控各种人与事，比如会指挥其他小朋友等；不喜欢被人管束，即便对方是老师；总是要求事事优于他人；要求他人对自己必须有求必应，如果没有按照他的意愿来，他会立刻发火；喜欢制定适合自己的原则，例如自我决定几点上床睡觉等。支配型的孩子静不下来，总是在做各种各样的事情。

**I 型特质孩子的行为特征** I 型特质孩子是互动型的孩子。他们乐于成为焦点，不管是在教室、餐桌，还是舞台上，也敢于做出一些常人不敢做的事，并乐在其中；他们总是将自己弄得脏兮兮的，并以此为乐；爱捉弄他人；注意力不能集中，需要能够让他们保持兴奋的东西存在；拥有分属在不同团体组织的朋友，比如邻居、学校的朋友以及一起运动的伙伴；随时改变游戏规则，只为拥有更多新体验；敢于冒险，追求新鲜。

**S 型特质孩子的行为特征** S 型特质孩子是支持型的孩子。他们善于与人分享，比较遵守规则；性格内向、适应力差、较为保守、没有主见，但乐于助人，所以有一些关系密切的朋友；行动慢，吃饭、喝水或是走路等都很缓慢，但有时会利用走路等的空闲时间抓紧学习。

**C 型特质孩子的行为特征** C 型特质孩子是谨慎型的孩子。他们干净整洁、行事很有条理；分析整合能力强，凡事都有自己的独特见解；总是问“为什么”和“假如”；严格遵守规则而且过分依赖相关规则；希望拥有相对独立的个人空间；相对于体力运动，更喜欢精神上的挑战，并且韧性较强；总是担心事情会出错；讨厌恶作剧。

## DISC 开启父母的自我了解之路

这是一个懂比爱更重要的年代，当你认识一个人、了解一个人、懂一个人时，才能以他能接受的方式去爱他、去关心他。父母只有清楚了解了自己的性格特质后，才能在考虑到孩子自身行为模式的基础上，以彼此间能够接受的方式，帮助孩子成为独特的自己。

### 1 D 型特质——支配型父母

支配型的父母会尽自己的一切能力给孩子提供最好的生活和学习环境，他们喜欢制订计划、执行计划，会以“一定要做到”的思考方式及规则要求及限制孩子。因为对孩子要求高，所以会认为孩子虎头蛇尾、没耐心、散漫、不谨慎。在这个过程中，孩子可能会产生逆反心理，认为为什么一定要遵守父母的规则和计划。他们无法从中找到兴趣，就会想逃离，而父母就会越想加强自己的规则。这样，家里就会时常发生亲子冲突。

D 型特质的父母可以尝试让孩子自由一点，去理解孩子的感受，给他们自由发展的空间，不要制定过于详细的规则，因为孩子最不喜欢的就是老老实实地坐在书桌前学习，父母就不要太执着给孩子设限，而是让他“活在当下”。

D 型特质的父母常常会有很多的梦想，但是没有行动，有时还会觉得孩子很不切实际，逃避现实，这样的情绪容易造成亲子间的不当沟通。D 型特质父母应该努力培养平和的心态，用足够的耐心及包容心去面对孩子，适当纠正孩子冲动、散漫的行为。不要按逻辑或用理所当然的语气和孩子进行对话，而是去认可并学习彼此的优点，这样孩子也会做好自己应做的事。

## ❷ I 型特质——互动型父母

互动型的父母是一个和孩子合得来又喜欢尝试新事物、享受人生的类型。这类父母总是把自己看作是孩子的朋友，而不是家长。因此，他们非常享受与孩子在一起相处的时光。

虽然 I 型特质父母热情开朗、容易相处，但因为内心敏感，所以情感起伏较大，很容易被感情左右。一方面他们非常容易与孩子产生感情上的共鸣，但另一方面，其身上的缺点也很容易影响孩子，有些时候会让孩子变得很消极。

I 型特质的父母天生思维发散，随时都有新奇的点子，但做事只有 3 分钟热度，容易虎头蛇尾，孩子也容易受到这种性格影响，所以 I 型特质父母要注意与孩子一起进行某些事项的规划和执行，培养孩子的专注力及耐力。

## ❸ S 型特质——支持型父母

支持型的父母总是能够默默地关注孩子的成长，并给予孩子贴心的关爱与支持，能够做到尊重、包容孩子，给他们安全感和内心的舒适。

但由于 S 型特质父母喜欢过安定舒适的生活，所以总是表现得很平淡，跟不上孩子充沛的精力。他们会认为孩子的想法不切实际，但又很难限制孩子的行为。所以在面对思维活跃的孩子时，S 型特质父母要学会尊重孩子的主张，适时地赞美并鼓励孩子的想象力及充满创意的想法。不用强硬的方式打压孩子，不要让孩子认为你在强迫他，多关心孩子的愿望、梦想及计划。

### ④ C型特质——谨慎型父母

谨慎型的父母凡事追求尽善尽美，被称为是“完美主义”或“理想主义”性格的人。这类父母会合理分配时间，制订目标计划，帮助提高孩子的目标意识及执行能力。

但他们很难忍受孩子不按规则行事，每每看到孩子散漫和不谨慎的态度，他们心里的顾虑就会越积越重。如果孩子违反了他们眼里的规则和约定，他们就会认为孩子没有努力或者是在欺骗自己。于是，时不时地就会对孩子横加指责，最后演变成习惯性发怒。

很多父母总认为自己的想法是正确的，而忽略了孩子的感受和需求。总喜欢将自身的理想与期望寄托在孩子身上，并且希望有朝一日孩子可以实现自己当年的梦想。当他们的孩子表示反抗时，他们会表现得相当沮丧。很多父母通过了解自己的行为模式，可以理解自己对孩子的期望源于何处，然后基于孩子自身的行为模式，发展出真正适合孩子内心所想的期望，而不是父母内心真实的期望。

而当孩子不断地要求得到父母的理解、接受并认可时，不管父母是被要求认同孩子追求独特、多愁善感的性格，还是认同孩子总向自己要求过多的关爱，父母都不要先向孩子讲明原则，而是应先具体倾听孩子的想法，并通过不断地提问来引导孩子找出自己的弱点。

## 三 好父母按天性培养孩子

当父母能够清晰地了解自身及孩子的行为模式时，他们便可以为孩子营造一个健康成长的家庭环境。当你试图去改变他人时，你便在阻碍他人成长；当你接受他人时，你便在创造一个环境，激励他人成长。转变你对他人的判断标准，由一味地评判转向理解和接受，这不仅可以帮助孩子建立起自信，而且可以帮助他养成良好的适应能力，使其成为真实的自己。

每一个孩子都是独特的个体。有的父母认为自己对孩子非常好，倾尽所有去关心他，将他所认为最好的都给了孩子，不否认这是一种伟大的爱。但事实上，如果你能按照孩子希望的方式爱护他，尊重他的想法，不仅能建立起融洽的亲子关系，让孩子觉得你很懂他；还能找到培育孩子的最佳方式，让他按照自己的秉性健康成长。

## 培育 D 型特质的孩子

和 D 型特质孩子说话应直截了当，简单明了，清楚表明你的期望，比如："要吃饭了""该回家了"；帮助孩子接受失败，明白失败也是生命中的一部分，做事失败并不代表他做人的失败；对他的自信以及成就表示佩服和欣赏；帮助他放慢步调，适当舒展身心。

要把掌控与选择权交给孩子，尽量多给他们选择的机会。比如在提醒他睡觉这件事上，可以说"你是要现在回房睡觉，还是看完这本书再去？"

给他机会独自做一些在他掌控范围内的事情，并给予适当权力；多带 D 型特质孩子参加一些体能活动，他们的能量需要释放；用他自己的经历，教导他同情并体会悲伤失望者的感受；给 D 型特质孩子一个明确的目标，要求他遵守规则与限制（在不伤害自己、不伤害他人的前提下，让孩子制订规则，不过多设限），他能很好地完成该目标任务。

## 培育 I 型特质的孩子

和 I 型特质孩子在一起时，应给予他不断的、及时的、当众的鼓励和赞美，具体指出他的优点和成就，因为 I 型特质孩子很容易被激励感动而发愤图强，所以要常给予鼓励。在学习方面，可以在他的学习氛围当中引进乐趣，比如购物培养数学兴趣；"家庭汇演"表演课文内容来培养语文学习兴趣。在休息玩耍时，可以计划游戏时间，在家里培养趣味氛围。

I 型特质孩子喜欢交际，要让他拥有玩伴，父母也要多花时间和他在一起，尤其是青春期之前；当孩子遇到挫折时，父母要接纳他的感受和情绪化，然后引导她。这会帮助他在安全感中稳定情绪，提高自信心。此外，父母要帮助他制定计划和实行，并帮助他细致地考虑每个环节，发展其条理性和专注力。

要给 I 型特质孩子足够的拥抱和亲吻，他需要温情；I 型特质孩子很有想法，父母可以鼓励孩子有梦想，让孩子的想象力自由飞扬起来，激发他的创意；这类孩子多动、爱讲话，父母要用具体语言付诸行动理解他好赶潮流的性情，多听孩子的表达，他需要一个聆听者。

## 培育 S 型特质的孩子

对于 S 型特质孩子，父母要常花时间和孩子在一起，做事时告知具体做法，清楚表明期待，也告诉他他自己的责任是什么，他会认真听并做好，还会很有参与感；要给予他足够的思考时间，太快的节奏是他难以接受的压力源，勿要求太多、太高，因为这类孩子本身已很自觉。

父母要尽可能使家庭安定，因为相比其他孩子，S 型特质孩子更需要稳定。要帮助他参加家庭与社会活动，多鼓励、奖赏、支持。同时，这类孩子总是扮演着聆听者、安慰者和默默付出者的角色，要常对他表达私人化、温暖的感谢和欣赏，他会很喜欢自己被接纳。

此外，要帮助这类孩子设定目标，给他执行方案，培养他自己做抉择的能力，遇事时引导性地问他的意见和选择；鼓励孩子常常表达自己的想法、感受和不同意见，要让他了解说“不”并不是世界末日，而懂得拒绝、建立界限会让人更加尊重。

## 培育 C 型特质的孩子

C 型特质孩子逻辑思维比较强，要赞赏他的周全考虑，支持他做事深思、分析的态度；给他足够的时间做决定，由于他宁肯不做决定，也不要做错误的决定，所以要帮助他放松，在做决定时鼓励他，也要适时地让他知道人不可能总做正确决定；要想说服他，需要足够确切的事实和数据，如果你不同意他的看法，要跟他解释清楚理由，不能太情绪化；看重他的人，而不是着眼于他的成绩表现，让他感到，不论他做得怎样，都是被接纳的。

与 C 型特质孩子交流时，要鼓励表达，但不侵犯他的空间；赞赏他的行为时要具体，不是泛泛地说“做得好”；谈话时可以和他多聊可达到的目标及成就；即便有些时候他做得不够好，也要表明你不会放弃他，要调整自己的期待，无条件接纳，找他的优势，给他成功的机会。

# 四

# DISC 帮助父母与孩子更好相处

不同性格的孩子有不同的情感需求，除了要了解不同 DISC 特质孩子的培育方法，我们还要学会与他们的相处之道，明白哪些是在与他们的相处中应该避免的，哪些是应该做的，这样做我们在培养孩子的道路上才会走得更加顺畅。

## 与 D 型特质孩子相处

D 型特质孩子属于力量型，也称小魔头或精灵鬼。

D 型特质的孩子喜欢欣赏与控制，不在乎他人的看法，有一定的自主权。对于这种类型，父母要对他已经完成的事情给予赞扬和欣赏；讲道理时避免长篇大论；划出一些特定区域让他们管理，满足他们的控制欲，但也不要放弃自己的最终决定权，不要让事情的结果尽如孩子意。重要的是，要避免与 D 型特质孩子进入权力争夺，如果孩子有不良行为，家长可以退出与他的争斗，让他自己选择并让他为后果负责。最佳的办法是父母在孩子年龄小的时候就及时建立权威，直截了当地让孩子明白谁有主控权。

D 型特质孩子自尊心比其他孩子要强，所以在孩子受挫的时候不要轻易批评，以免雪上加霜。此外，家长要避免为了让孩子妥协，采取说谎或轻易承诺的方法，以免孩子感到被利用。

## 与 I 型特质孩子相处

I 型特质孩子属于活泼型，也称小天使或小可爱。

I 型特质的孩子希望得到关注、赞许、喜爱、认同和陪伴，所以有时，父母要刻意注意孩子好的行为，并及时肯定、表扬；要欣赏他们的生动活泼和幽默感，同时培养他们的责任感和条理性，让他们明白自律和明确的目标是学习进步、获得成功不可或缺的要素。

对于 I 型特质的孩子，父母要避免当众批评教育，如果的确需要，也要注意在远离人群的地方进行管教，避免挑剔和论断，顾全他的面子；尽量不要阻止他和其他孩子玩耍，他需要玩伴；不要被孩子的情绪化惹怒，对待孩子要有耐心；同时，要注意避免让孩子过度自由，I 型特质孩子需要适当的规矩。

在日常生活中，对 I 型特质的孩子切勿冷淡、不友好、不通人情或过分看重事务。这样他会以为你不喜欢他或是自己做错事了，也不要责备孩子异想天开。

## 与 S 型特质孩子相处

S 型特质孩子属于和平型，也称小棉袄或小懒虫。

对于 S 型特质的孩子，不说出的需求不等于没有需求，父母可以夸奖他恬静的性格或表扬他乐于助人的好品质，根据他们的性格和天赋帮他们树立具体的人生目标，并鼓励他们采取行动。

避免对 S 型特质孩子高声说话，说话的语气语调要友好、和声细语，否则，可能会让他紧闭心门；不要让 S 型特质孩子独自做事，他需要参与感，需要“团队”的鼓励和肯定；减少突如其来的变动，若不能避免，要给予孩子足够的心理准备和调整时间。

父母要让 S 型特质的孩子信任自己，但不要常常替 I 型特质孩子做决定，否则他会越来越没有主见；不要勉强他与你看法一致，不要把自己的想法强加给他，这样，他就会一味附和你，时间长了他也会很压抑。也不要对他们要求太多，因为他们不太懂得拒绝。

## 与 C 型特质孩子相处

C 型特质孩子属于完美型，也称小管家或小法官。

对于 C 型特质的孩子，父母要试着接纳他安静的性格，理解他对于独处的需求，让他独享一段宁静的时光，给予他足够的关爱和支持。但要注意开导他，不要让他变得郁郁寡欢。切忌为他订立过高的标准，他自己的标准已经很高了，不要让他在你的标准下感到泄气。

父母不要在他专注做事时打扰他，他需要独处的时间；不要催他，如果有耽延也是因为他要做到最好；不要对他说他考虑的问题和担忧是多余的、愚蠢的，因为这就是他的价值感所在。

对于 C 型特质孩子，父母最好不要吓唬他，也不要高声呵斥，他可能会让步，但内心里他不喜欢太强势的人；说话要温柔，不要轻易地批评他，因为他敏感的内心很难承受；也不要对他表现出不耐烦的态度，因为他说话时是想要清楚、完整、详尽地解释自己的现状，才会给出很多不必要的信息，对C型特质孩子讲话一定要有耐心。

每个孩子都是上天赐予我们的礼物，他们是可爱的天使。随着他们的成长，我们看到他们逐步呈现出来的特质，既有和我们似曾相识的共性，也有自己独一无二的个性。世界上没有完全相同的两个人，所以孩子们一定有比父母更好的优点，而父母也有可以引导孩子的优点。理解彼此的差异，尊重孩子的个性，是懂孩子的开始。

很多时候，孩子需要的是家长的陪伴和关注。家长甚至不需要做什么，只是简单的陪伴，看他们玩耍，观察他们的行为方式，或耐心地听他们讲话，就能理解他们的情绪和思维，进而了解他们的内心世界。这时候再去引导孩子的成长，想必会事半功倍，亲子关系也会更加融洽和谐。

做一个懂孩子的家长，相信你将因此而幸福，孩子将因你而更加幸福。

**DISC经典**

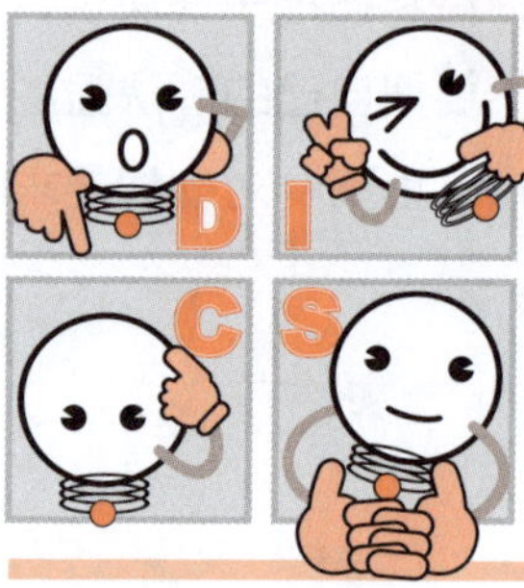


理解亲子间彼此的差异，尊重孩子的个性，是懂孩子的开始。

# Part 4

# 第 4 篇
# 科学教育　深耕树人之本

古有孟母三迁，育儿成才。今有 DISC 辅助教育，因材施教。教育的本质在于育人。教育工具的不断更迭，思维的变化更新，让教育工作更加轻松。重视沟通、改变思维、借力 STEAM，打造高效课堂，我们会更懂孩子，孩子也能更健康快乐地成长。

13

# 亲子阅读

## ——收获有创意、爱学习、会思考的孩子

**刘洁**

- DISC 国际双证班第 52 期毕业生
- 儿童阅读推广人
- 学习能力指导师

关注“刘洁”

# 一 为什么要亲子阅读

也许我们每一个父母内心都有一套亲子关系理论，也有信奉的育儿理念。不管什么理论与理念，最后我们发现其中都离不开两个字——陪伴。

“陪伴是最长情的告白”。是的，父母的陪伴对于孩子的成长至关重要。可是该如何陪伴、如何避免陪而不伴、如何进行高质量的陪伴却是很多父母没有能够做到的。其实，亲子阅读就是陪伴的一种最好的形式之一。

每个有爱心的父母都希望自己的孩子拥有聪明的头脑、宽广的胸襟、善良的心灵、幸福的人生，这一切都可以慢慢通过阅读，尤其是好书的阅读来不断实现。如果一个孩子不爱阅读，那对于他来说丧失的绝不仅仅是人生中最主要的一种学习能力，还有他能从书中获取的丰富的情感体验和多种多样的人生价值观。最重要的是，他丧失了和自己的朋友、家人在阅读同一本书的时候，那种无可替代的分享和交流的乐趣。

## 增进亲子关系

日本绘本之父松居直说：“念书给孩子们听，就好像和孩子们手牵手到故事国去旅行，共同分享同一段充满温暖语言的快乐时光。即使经过几十年，我们仍然以自己的方式，将这些宝贵的经验和美好的回忆珍藏在内心深处。孩子们长大以后，我才真正了解到，当时我用自己的声音、自己的语言讲了这么多故事的意义在哪里。我也发现，通过念这些书，我已经在他们小时候，把一个做父亲的想对孩子们说的话说完了。”通过书本再来回味松居直的话，虽然无法亲眼见到他本人，却能感受到他是一个多么温情、有爱的父亲。这样的事情我自己的母亲也做过，虽然我的母亲没有松居直那样的知名度，而只是一位普通的母亲，但她与我一起读《小红帽》的情景，几十年后仍然是我遇到困难，或只是单纯想念她的时候第一个出现的画面。

这些体验更加让我知道亲子阅读对于孩子的重要性。当我也为人母的时候，就将亲子阅读放在了家庭教育的首位，从孩子还很小时就开始了。那时，我会抱着她，拿着书。再大点一点，也可能是她拿着。我一般不用手指字（因为我觉得阅读的目的不仅仅只是文字本身），读的可能是书中的文字也可能是自己编的，而她就听着我的话，看着书中的图画。这时候，我是享受的，孩子也不像平时那样顽皮，我希望用这样的方式陪伴她，让她感受到我的爱，也希望她能和我一样享受这个有妈妈、有阅读的过程。





亲子阅读可以增进亲子关系，除了抱着孩子阅读这个身体接触的过程之外，通过阅读本身还可以扩展出游戏、手工等活动，与孩子阅读书本之后，再做一些这样的事情，亦静亦动，亲子关系会进一步提升。

## 提升阅读与语言能力

没有人生来就知道所有事物，人都是需要经过后天的学习才能掌握相应的知识。人一生中大多数的知识都来源于书本，来源于阅读。即便是互联网信息化飞速发展的今天，人们获取信息和知识的渠道，大部分仍然来自于文字。

亲子阅读是提升孩子阅读与语言能力的有效方式。据调查，每个孩子出生时智力水平相差不多，可慢慢却有高低不同的变化。总体来说，大多数智力水平高的孩子都喜欢阅读，阅读不是天生拥有的本领，而是需要后天不停学习和强化的。

为什么说亲子阅读可以提升孩子的阅读和语言能力呢？

首先，阅读能力不是说会认字就是会阅读，阅读还是一个归纳、总结的过程。

从孩子小时候父母就在亲子阅读时开始潜移默化进行了这个归纳、总结的过程（虽然那时候孩子可能并不知道这是归纳、总结），有了前面的基础再到后面的自主阅读，其能力就会得到大幅度提升。

其次，亲子阅读中的语言与平时的对话有很大区别，这里的语言相对而言更书面化、更有趣、更有文学味，孩子一直在这样的阅读环境中生长，不自觉也会学到这些语言。所以一个经常进行亲子阅读的孩子说出一些有见地或者有文学意味的话就不足为怪了。

## 提升艺术鉴赏能力

亲子阅读的小年龄段图书中，很多都是图画书，也就是常说的“绘本”，这些绘本特别是经典绘本，其绘制者都是著名艺术家或最了解儿童心理的美术家。他们出色地运用绘画技巧，通过优美的图画来诠释生动的故事，使得绘本既有色彩、线条、构图的美，又有语言、韵律和故事情节的美。任意拿起一本翻翻都足以陶冶我们的美感，提升我们的艺术鉴赏能力。比如，绘本《月亮的味道》中的月亮在大画家麦克·格雷涅茨的笔下犹如薄薄的薯饼，令人垂涎三尺。《LOOK!》系列绘本可以作为孩子的美术入门书，作者从孩子的角度出发进行创作，所挑选的画作都很具有代表性，赏析角度新颖，解说也很详细，能让孩子在阅读的过程中充满惊喜与乐趣，使其很容易就学会了如何欣赏美术作品，也在不知不觉中提高了自身的艺术素养。

著名的绘本作家彭懿老师曾经说过“一百本绘本就是一座家庭美术馆”，从这句话中可见绘本的艺术性。

## 减少电子设备的干扰

随着电视、手机、计算机、iPad的流行和普及，几乎每个家庭都有了这些设备，它们给我们带来便捷和海量内容的同时，也带来了困扰——孩子被这些电子设备“迷”住了，不愿意阅读，不愿意学习。如果你也有这样的困扰，那就请静下心来仔细思考：是孩子真的不愿意阅读，还是不愿意一个人读，还是因为一直没有阅读的兴趣和习惯却被家长突然要求读书，而家长却仍然拿着手机不放。

网上有个段子：一个孩子拿着一本书对父亲说：“爸爸，你给我讲故事吧？”父亲看了一眼书，有些不悦地回答：“不是给你买了点读机吗？”孩子低头说：

"点读机上有这个故事，可是它没有腿，我不能坐在上面听呀！"

虽然这是个段子，我们无法考究它的真实性，但是却令我们动容。"可它没有腿！"——多么稚嫩的童声呀！多么渴望的孩子呀！机器可以提供内容，但永远也不会提供情感！只有情感的阅读才是高质量的阅读，有力量的阅读。

作为家长，我们都知道经常看电子设备对孩子不好，它会让孩子减少和身边的亲人朋友交流的时间，并且不利于眼睛健康。但是，阅读，特别是低年龄段孩子的阅读绝不是孩子一个人的事，需要父母的参与。父母的地位无可代替，谁也代替不了父母与孩子一起亲子阅读。与其说孩子喜欢阅读，倒不如说孩子喜欢与父母一起阅读。当孩子在亲子阅读过程中感受到父母的爱，找到阅读故事的乐趣时，是不会觉得毫无生命的电视、手机更有趣的。

## 二

## 亲子阅读，读什么



孩子的成长是循序渐进的，不同阶段需要不同读物。在给他们选择读物之前，深入了解和正确应对成长的差异性是非常重要和必要的。就像婴儿的食物和幼儿的食物是不一样的，孩子不同的阶段，其阅读的需求也不一样。如何判断孩子所处的阶段，其中年龄是一个比较显性的标准。

划分阅读年龄段，就是为了更加科学地为孩子选择书籍。心理学研究表明：那些成功可能性为 50% 的任务，对于人们来说最具有吸引力。根据儿童的现有理解能力，选择那些具有一定挑战性，经过努力又可以读懂的故事，才是最合适的书籍。

虽然不同的孩子生理和心理的发展可能不大一致，严格按照年龄阶段来选书也不是完全科学的方法，但是对于一般家长而言，有一个基本的参考依据再结合自己孩子的特点，选书就会容易很多。

**0 ~ 2 岁**是语感形成期，这时适合读短小、有趣的儿歌童谣，简单重复的温馨故事。宝宝喜欢可以发出简单声音的书，或者是和玩具一样可以用来触摸、拆卸的书。例如《晚安，月亮》《晚安，猫头鹰宝宝》之类的绘本可以在睡前给孩子轻声朗读。

**2 ~ 3 岁**是语言迅速发展期，孩子会复述一些故事，语言渐渐丰富，这个时候多给孩子阅读一些情节有趣的故事。例如《老虎外婆》用童谣式的语言讲述了一个古老的民间故事，和孩子一起阅读，扮演故事中的角色都是很不错的。

**4 ~ 6 岁**是阅读理解力迅速发展期，短小而精彩的童话故事，有想象力和一定情节的绘本是孩子的最爱。例如害怕独自睡觉的孩子，可以看看《鳄鱼在我床下》这个故事。

**7 ~ 8 岁**的孩子开始喜欢阅读与自己的现实生活相近的故事，已经有了一定自主阅读的能力，喜欢与自己的生活有密切联系的故事，为孩子准备一些文字量少的读物，满足他们自己读书的欲望，同时也可以选择篇幅量较大的童话类图书。例如，《窗边的小豆豆》讲述了一个小女孩在巴学园上学的奇特经历，《淘气包艾米尔》讲述了一个可爱之极的淘气包的生活趣事，诸如这类图书可以鼓励孩子慢慢自己阅读。

**9 ~ 10 岁**的孩子喜欢有丰富知识的作品（如《少年百科全书》），也喜欢带有幻想色彩的小说，在阅读同时开始渐渐有自主思考的能力。这时应该多让孩子自己选书，同时也向他推荐一些内容丰富、含义深刻的书籍。这个年龄段的孩子已经有了一定的理解能力和表达能力，喜欢讨论书里的人和事。父母可以多和孩子一起读书，然后讨论他们喜欢的作品；父母还可以讲一些书的写作背景，从而与孩子有更多共同语言。例如《长袜子皮皮》讲述的是一个小女孩的神奇故事，父母可以为孩子朗读其中的片段，并让他自己阅读全书。

**11 ~ 12 岁**的孩子视野更加开阔，阅读能力逐渐接近成人，同时也开始有明显的阅读喜恶倾向。这时父母要有意识地引导孩子发展自己的兴趣爱好，同时也要多推荐孩子阅读和他的兴趣有关联的其他书籍，让孩子不至于因为个人的喜恶导致阅读面过窄。例如《安房直子童话》是一本唯美的日本童话故事集，父母可以和孩子一起读。

**12 岁以后**的孩子其阅读兴趣点由故事的情节转向文字的细节，一些富有文学性的、内容清新的成人作品，如散文、诗歌，也可以正式进入他们的阅读领域。这个年龄段的孩子阅读理解的水平已经和成人相当，开始有更加强烈的自主选择读物的要求。父母要鼓励孩子的自主选择，让孩子也为你推荐和朗读一些自己喜欢的作品，同时也推荐一些经典的成人文学作品给孩子，多和孩子分享阅读同一本书的感受，但不要强求他们阅读的感受和你一样。

# 三
# DISC 让亲子阅读更好读

对于亲子阅读我有一套自己的方法和理论，但自从接触 DISC，了解 DISC 后，我加入 DISC 这一个维度再来看亲子阅读，对亲子阅读有了更系统的认识，也能更好地了解孩子的需求，更好地推进亲子阅读。

## 与不同 DISC 特质的孩子进行亲子阅读

不同的孩子有自己的特点，总体说来和成人一样，也大体有 D、I、S、C 这 4 种特质，对于不同特质的孩子应采取不一样的亲子阅读方式。

D 型特质的孩子是“指挥者”，可以给他们一定权力，让他自己选择读什么书。也可以调换角色，让孩子读书或讲故事给父母听。满足 D 型特质孩子的自主性和支配欲望。对于 D 型特质的孩子千万不要强行让他必须读什么书。

I 型特质的孩子很喜欢新奇的书，比如异形书、洞洞书、立体书、地板书、有香味的书等这类比较特别的书。除了书籍类别的选择上，在进行亲子阅读时，与 I 型特质的孩子要多互动，而不是干巴巴地照字阅读，可以编一些身体游戏融入其中，还可以一起做创意手工，从而激发孩子读书的兴趣。

S 型特质的孩子相对更需要陪伴和支持，非常容易被温情的绘本打动，多看一些能够给人温暖和力量的绘本，多鼓励他们。除了阅读本身，扩展阅读之外的活动也是不错的，比如与 S 型特质的孩子轮流进行问答游戏等。

C 型特质的孩子爱思考，更容易发现书中的细节，比如绘本的图画中就有很多细节，每一次读可能都有不同的发现。所以可以多和 C 型特质的孩子一起找书中的细节。当他们找出时，进行表扬，还可以鼓励他们将书中的内容画出来或者以其他形式表达出来。大一点的孩子可以让他们做读书笔记或者画思维导图，建立自己的独立思考和总结的能力。图 13-1 所示就是我与孩子一起绘制的《我爸爸》的思维导图，这对孩子的总结归纳能力以及表达输出能力是很好的锻炼。

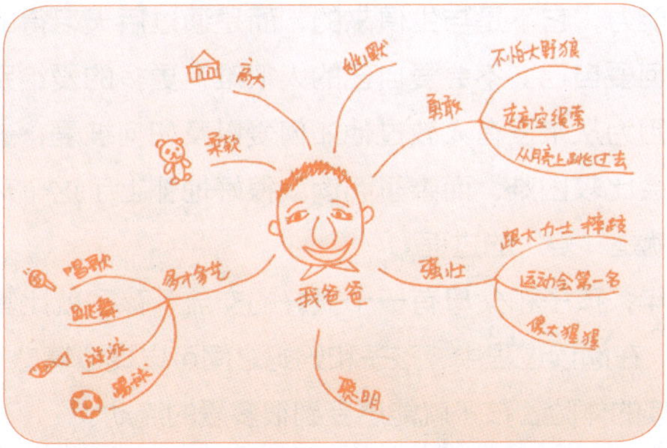


图13-1 绘制《我爸爸》的思维导图

## 从 DISC 4 个不同维度进行亲子阅读

应用 DISC 理论不仅可以针对不同的孩子“因材施教”，还可以将亲子阅读作为一个项目，应用 DISC 理论来开展亲子阅读，从而使整个亲子阅读的目的性、趣味性和逻辑性都更上一个台阶。

### 1 D：明确亲子阅读的目标，制订培养计划和目标

做一件事情之前我们应有一个目标，亲子阅读也不例外，作为父母我们想要孩子通过阅读达到什么目标？当然了，阅读也是有目标的，可以是兴趣型、欣赏型、消遣型、学习型等。这个时候 D 型特质就需要充分发挥出来。认真分析自己家的情况，得到自己亲子阅读的目标。

#### 1 一般目标

亲子阅读的目标究竟是什么？答案不仅仅是识字那么单一，简单说来前面讲的亲子阅读的好处也可以说是亲子阅读的目标，即培养阅读及学习兴趣，提升阅读能力，从阅读中获取知识，增进亲子关系等。我们都知道阅读的好处，也希望孩子多阅读，要想实现这个目标，我们必须先培养孩子的阅读习惯，很多孩子的阅读习惯是被逼出来的，通常只有父母叫他们读书，他们才会读书，所以，我们需要先与孩子一起阅读，然后鼓励孩子自发地坚持阅读，让阅读拥有仪式感，让阅读真正成为父母和孩子生活的一部分。

#### 2 终极目标

亲子阅读除了这些显性的好处之外，还可以让孩子在与父母的共读中学会爱、接受爱、感受爱、给予爱。

爱是一种能力，它不是与生俱来的，而是通过后天习得的，甚至很多成年人都没学会如何爱自己。不会爱自己的人很难有更多的爱给别人，也不知道如何给别人爱。因为从来没有人教过他如何爱以及如何被爱，这样在以后与人相处的过程中就会比较困难。而亲子阅读就很好地补上了这个环节，因为这件事情本身传达的就是“爱”的过程。

如果在早年，孩子和父母有一个很好的交流，孩子就比其他同龄人有更丰富的情感体验。在阅读过程中，孩子和妈妈之间可以模拟情感，进行爱的交流。有这种亲子阅读的体验，孩子就能感受到很多爱的流动。

亲子阅读中孩子能够感受父母的爱，会有个美好的精神世界。孩子们积极向上，乐观，对这个世界充满善意，相信美好。孩子学会爱的过程也是从自然人变成社会人的过程。

## ② I：激发孩子潜能，让阅读更有趣，玩出创造力

亲子阅读不仅仅是为了阅读本身，还可以通过阅读延伸出其他有价值的事情，在这个过程中激发孩子的创造力和想象力。这时调用 I 型特质，可以更好地激发孩子的想象力，让亲子阅读更加多元化。通过亲子阅读具体还可以做些什么呢？下面简单列举几项。

**▶ 角色扮演** 亲子阅读的过程中，父母读书不要干巴巴地读字，可以根据书中的角色使用不同的语气阅读，最好可以配合手势等肢体动作，使整个讲故事的过程更有趣。如果孩子喜欢这种形式，还可以合上书本，与孩子一起分别扮演书中的不同角色，将书本内容以游戏的形式呈现出来。话说，有哪个孩子不喜欢游戏而是喜欢安静地坐着读文字呢？

**▶ 故事改编** 很多图书（特别是绘本），一本书就讲一个情节简单的故事，在阅读之外，可以与孩子一起给书中的人物安排不同的故事情节，这样不仅可以发挥孩子的想象力，还可以将日常家庭的生活场景加进去，让家庭生活更有乐趣，孩子也会更热爱阅读。

**▶ 绘制绘画** 对于有绘画爱好的孩子来说，这是非常不错的选择，绘画不应限于书中相同的画面，更应该鼓励孩子发挥想象，根据书中的情节绘制出其他的图画。比如看完《南瓜汤》，我与孩子一起绘制不同情绪的表情，制作情绪牌，如图 13-2 所示。

图13-2　绘制情绪牌

**创意手工**　与孩子一起制作图书中的某个物品是阅读之后非常不错的选择。比如看完《小黑鱼》就与孩子一起制作一枚印章，然后涂上颜料，印在白纸上；再比如看完《落叶跳舞》可以与孩子一起收集树叶，然后用树叶做成不同的画，或者就将树叶涂上颜料，印在白纸上。这些对于孩子都是不一样的体验。

通过亲子阅读可以展开的活动还可以有很多，只要这些活动能让孩子更快乐、更喜欢阅读就可以。至于做的东西有多么精致，绘制的图画有多么精美，这些反而不用特别在意。因为对于孩子而言，更在意的是和爸爸、妈妈一起做，而不是做什么。

## ❸ S：亲子阅读即陪伴，享受在一起的快乐亲子时光

关于亲子阅读，很多父母都有不同的疑惑和感慨，很多时候不是父母不愿意阅读，而是阅读的过程不是想象中那么美好。比如刚刚读完一本书，问孩子：通过这本书你学到了什么？你可以写“1、2、3”了吗？结果孩子一脸愕然。父母的信心倍受打击，读了有什么用？这个时候调用 S 型特质，与孩子共情，更好地理解孩子的处境和想法，可以获得更好的效果。

首先，不得不说亲子阅读不是一个功利的事件。在当今，阅读，特别是早期阅读，并不是像我们小时候那样，一定要学会什么道理，学会数数等显性的结果，更多是对于“喜欢、兴趣、欣赏”等早期的兴趣培养和兴趣挖掘。因为兴趣对于孩子建立长期的阅读习惯非常重要。还记得我们小时候，非常高兴地与家人一起春游，一起看电影，结果回来的时候要求写一篇作文，从此以后可能就再也不想和他们一起春游、看电影了。同样，如果将阅读看作一件立马有“产出”的事件，可能就会产生拔苗助长的恶果，而孩子也会对阅读产生抗拒心理。

阅读是一个长期的过程，如果希望亲子阅读变得纯粹而美好，这就需要 S 型特质的发挥。每一个孩子都是独一无二的，每一个孩子可能都有小脾气。不因为一定要让孩子学到什么东西而开始阅读，不因为一次孩子的表现不如意就放弃坚持阅读。

## 4 C：启发孩子思考，让阅读不止于书本内容

阅读书本内容只是阅读的一部分，启发孩子思考，让孩子成为一个有主见、有思想的人才是阅读本身更大的攻效。这时应用 C 型特质可以更好地与孩子一起思考书中的内容，发现很多以前没有发现的东西。

这里想单独说一下无字书，绘本里有一些无字书，比如《苹果与蝴蝶》《雨伞》《雪人》，所谓无字书就是书里只有图画没有文字，其实无字书是很好的、启发孩子思考与想象的书籍。正因为没有字，所以每次拿起书，都可以换个新讲法，比如大卫·威斯纳的《7 号梦工厂》，你可以这样开头："从前，有一个喜欢画画的男孩，有一天……"你也可以这样开头："在遥远的地方，有一座神奇的工厂每天都会吐出不同的云朵，有一天……"无字书就是这样一种可以挖掘各种读法的好东西，它留下了足够的、让父母和孩子一起发挥创意的空间，这充满创造的过程，让反复阅读变得趣味无穷。除了无字书以外，大部分还是有文字的图书。在阅读这些书时，我们启用 C 型特质可以让阅读更丰富，也更有系统性。

具体有以下做法供参考。

### 1 做阅读记录

有时候，读完一本书后觉得这本书特别好，那么可以跟孩子一起做阅读记录。阅读记录不一定多么精美和正式，小一点的孩子可以涂鸦创作，大一点的孩子可以写笔记、读后感之类（一定要父母一起参与，而不是像留给孩子的作业），只要自然而然、有感而发就行。这样的记录能够帮助孩子更加深入地记住自己读过的书，也能帮我们从另外一种角度重新诠释和思考自己读过的书。回头去看，这些记录都将成为你和孩子的一笔宝贵财富。

### 2 不阻止孩子的发散思维

不要阻止孩子的发散思维，多让孩子表达自己的想法，鼓励他们多表达自己的"胡思乱想"，比如让孩子复述故事、让孩子自己看图编故事、让孩子跟着书本的结局编续集、让孩子编游戏玩等。

### ③ 提问，但不提孩子反感的问题

启发孩子思考最好的方式当然就是提问，但是在提问前要想想这个问题是你觉得孩子应该学习到的，还是孩子本身感兴趣希望学习到的。站的角度不同，孩子的反应肯定也不同。如果这个问题是孩子本身感兴趣的，即使你不告诉他正确答案，他也会想方设法去找。反之，如果这是父母的意愿，孩子可能并不买账，还会拒绝下次再与你一起读书，因为这样的读书有负担。那该如何提问呢？比如经典绘本《我爸爸》，读完之后可以问孩子：你觉得你的爸爸像什么动物？你觉得爸爸有什么特别的地方？你最喜欢爸爸陪你做什么事？别以为这些问题幼稚，其实问“爸爸像什么动物？”，这需要总结爸爸的特征以及动物的特征，然后将这两者放在一起，这需要想象力和逻辑力。当然父母也不必将提问看成“洪水猛兽”，犹豫该怎么提问，或者害怕提问抹杀了孩子的阅读兴趣。只要你们的整个阅读过程、互动过程、提问过程是愉快的、自然而然的，其他的也不必太在意是不是科学。我们不是一直在强调吗？陪伴本身就是在传递爱。

### ④ 扩展书本内容

有的时候，读完一本好书后也可以通过图书和孩子聊一聊图书相关的内容。比如图书作者的生活背景、创作背景和发生的故事。有些作家自己的经历就十分具有传奇性，不亚于他们所写的精彩故事。例如约翰 · 伯宁罕，他的艺术创作萌芽于特殊的童年生活，由于父亲工作的关系，要经常搬家，前前后后换了十所学校，他在学校从来称不上那种很乖的学生，除了美术课以外，他并不是特别喜欢学校的功课。在他创作的绘本《迟到大王》中我们可以看到他童年的投射。约翰 · 伯宁罕花了很多时间，自由徜徉于艺术的天地间，最终毕业于伦敦中央艺术学院，并且在学校里遇到日后同为知名童书插画家的终身伴侣。

### ⑤ 共同寻找书中的细节

绘本的阅读除了阅读文字本身之外，细节也是很重要的乐趣，这些细节隐藏在图画之中，有些需要前后连续起来看和联想。对于寻找细节或许孩子更擅长一些，也许你没有发现的一些细节孩子却发现了，孩子就会特别有成就感。比如绘本《爷爷一定有办法》，可以跟孩子一起看绘本中故事的另一条线索——小老鼠它们一家都干了什么，还可以引导孩子思考和想象人物之间的关系和空间关系，建立整体信息。比如图 13-3 所示《阿利的红斗篷》中有一个细节在书的环衬上——8 只排成一行的绵羊在环衬页面的下方，而左上角的梁上有一只小老鼠。在阅读正文之前，可以让孩子先看看这个细节，并且提出一些能激发他们好奇的问题，为什么羊群旁边会有一只小老鼠呢？你觉得小老鼠会不会是小羊的好朋友呢？然后，我们翻开正文页就会发现，这个小老鼠贯穿了整个故事，阿利在做什么，它也在跟着忙什么，如果孩子之前已经对小老鼠产生了好奇，那么毫无疑问，不需要我们再说什么，孩子也会紧跟着故事，一直十分认真地把所有小老鼠出现的地方给找出来。

图13-3　寻找小老鼠



DISC+经典

亲子阅读是陪伴的一种简单而有效的形式之一。

亲子阅读让我们更了解孩子，DISC 让我们更了解亲子阅读。

14

# 思维导图

## ——让孩子学会轻松思考的模式


**黄彩梅**

- DISC 国际双证班第 50 期毕业生
- 思维导图认证管理师
- 青少年思维魔法师

关注“黄彩梅”

# 一
# 了解孩子的思维模式

思维模式是人思考事物的方式，不同的孩子有着不同的思维模式，不同的孩子也有着不同的性格特质。面对每一个独立的个体，我们该如何带领他们去思考呢？

## 什么是思维

思维是人的一种思考认知活动，也是人脑对现实概括的反映与映射。它与人类对客观世界的感性认识有着密切联系。

人们为了更广泛、更正确及更深刻地认识世界，仅仅依靠感知及对表象的观察是不够的。因为每个人的感知与认识是有限的，但思维的领域却是广阔无垠的，所以光凭感知和表象只能认识事物的外部特征，很难抓住事物的本质。但是通过思维，不仅能抓住事物的本质，还可以更好地把握事物与事物之间的内在联系。人类社会的文明就是人们在实践活动中利用高度发展的思维能力创造的。

由此可以看出，思维能力对人的发展与进步至关重要。但个体具有差异性，尤其是孩子，所以找出孩子思维发展中的特点并因地制宜地对孩子的思维方式进行引导是每个家长与老师应该注意的地方。只要选择了合适的思维引导方法，那么，孩子就能学会轻松思考，学习及认知水平等方面也能得到明显提升。

## 青少年思维的差异性

人的思维发展其实经历了一条漫长的路程。从儿童到青少年，思维总的发展趋势是：**从具体到抽象，从不完善到完善，从低级到高级**。

7 岁到 12 岁之间的青少年正处于从具体形象思维向抽象逻辑思维过渡的阶段。该阶段思维的主要特点：**形象或表象逐步让位于概念**。处于该阶段的少年儿童正在逐步学会正确地掌握概念，并运用概念组成恰当的判断，进行合乎逻辑的推理活动。但是，在很大程度上，这种抽象逻辑思维仍然是直接与感性经验相联系的，它对具体经验材料的依赖性很高。因此，这个阶段的青少年思维依旧具有很大程度的具体形象性，且社会事实呈现给每个青少年的客观材料都是不一样的，即便一样，各自的关注点也大不相同，逐渐发展下来，青少年的思维模式便有很大的差异性。

环境作为展现在青少年眼前的一种经验材料，是最开始对青少年思维产生影响的部分。它可以是言语直接的诱导，可以是在孩子头脑中被具象化并引发孩子进行某种行动的氛围，还可以是以某事物为载体呈现的、对青少年的行为及思维产生影响的工具或物品。

故而有这样的现象，有些孩子已经上小学四年级了，还喜欢看《喜羊羊与灰太狼》，喜欢窝在家长怀里撒娇；而有些孩子在小学一年级就像个小大人一样，问的很多问题家长自己都答不上来。这是因为孩子受到了环境日积月累的影响，从而形成了各自不同的认知与思维，就像现在有些生长在城市里的孩子认为大米是超市里生产出来的一样。可以看出人的思维认知与他实践及日常接触中的人和事物相关，具有一定的局限性。这种多方面的影响导致个体在思维上存在不可忽视的差异。

## 现今青少年思维模式的改变

随着网络文化的发展，现代社会开始由纸媒时代转入信息时代，青少年的思维模式也随之发生变化图 14-1 所示为不同的时代环境所造成的青少年发展特点的转变。

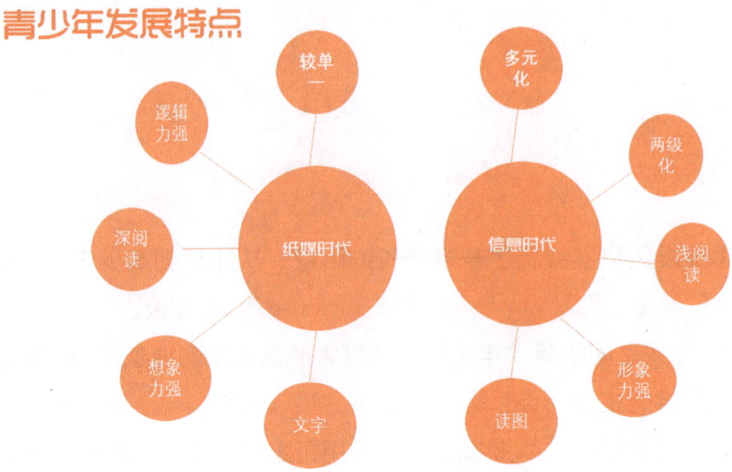


图14-1　青少年发展特点

由图 14-1 可知，相比于文字，现在的青少年更愿意读图，他们的阅读量明显减少，想象及逻辑思维能力较差，浅思考，排斥“想”，思维方式呈现碎片化、多元化的特点。很多家长也反映现在的孩子大多不喜欢看书了，即便看，也多是漫画书，而且相比于阅读，他们更喜欢玩网游，看 B 站弹幕等。造成上述现象的主要原因在于网络文化里的粗浅及信息的冗杂给了孩子太多的干扰，以至于他们很难静下心来去沉浸在深度阅读的世界里。而且即使是拥有更好自律性及自控力的成年人，在社交网络发达的环境下，也形成了浅思考、求快、图新鲜、思考碎片化等思维模式。



综上可知，孩子的思维发展有很大的差异性，不论它是体现在不同的孩子受到不同的环境影响造成的思维模式差异上，还是体现在青少年总体思维发展的变化上。

## 二
## 当 DISC 遇到思维导图

每个孩子的思维方式既有个性也有共性，那么针对这一特点，我们是否可以找到有效的工具，帮助他们更轻松地进行思考活动呢？

答案是肯定的，借助思维导图和 DISC 理论，我们可以将孩子划分为 4 个类别，并对不同特质孩子的思维方式进行分析。

## 什么是思维导图

思维导图又称心智地图、脑图，英文是 Mind Map 或者 Thinking Map，它是一种以中央关键词或想法（包括文字、数字、符码、食物、香气、线条、颜色、意象、节奏、音符等）引起形象化的构造和分类的想法；它以头脑风暴法（激发灵感）为基础，建立一个适当或相关的概念性组织任务框架，充分利用人类左右脑的生理机能，把各级主题的关系用相互隶属与相关的层级图表现出来，简单却又极其有效。故而思维导图又称为"大脑的瑞士军刀"。

通过思维导图，孩子可以对知识结构进行梳理，将复杂的事情简单化，帮助他们更轻松顺畅地认识某种知识理论或者概念。

## 不同 DISC 特质孩子的思考模式

DISC 是研究人类行为语言的理论，它以做事的快慢、关注人或事为经纬划分象限，将人的行事风格分为 4 种。借助这个理论，我们可以对不同性格特质孩子的思维模式进行划分，如图 14-2 所示。

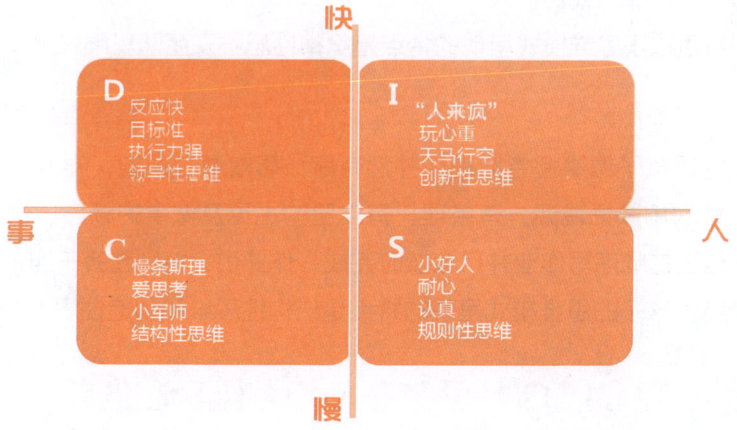


图14-2　DISC各特质孩子的性格特点和思维模式

### 1　D 型特质孩子的思维模式

D 型特质孩子比较有主见、目标感强、喜欢按自己的方式做事、不容易听取别人的意见、说话直接、不易控制自己的情绪、意志坚定、独立性强，只要他们喜欢，就没有什么不可以。他们不太热衷于集体活动，所以这类孩子通常是“学霸”的角色。

但另一方面，他们又喜欢别人跟着他走，服从他。所以很容易成为矛盾焦点，成为事件的“导火线”，因此有些 D 型特质的孩子又是个“小霸王”。

D 型特质孩子喜欢领导和权威的感觉。面对 D 型特质的孩子，搭建沟通桥梁的方式不要直接和他们正面冲突，可以让他们担任“小老师”。

D 型特质孩子思维模式呈现的特点是霸道性、目标性、领导性思维较强。

## 2 I 型特质孩子的思维模式

I 型特质孩子重感觉、对团队的认同与接纳很敏感、喜欢群体的生活、重朋友、讲义气、喜欢创造快乐、脸部表情丰富，属于社交型，是孩子团队里的开心果。但他们不擅长对自己的管理，也容易没有耐心。

I 型特质孩子思维模式呈现的特点是放射性思维、创意性思维、创新性思维较强。

## 3 S 型特质孩子的思维模式

S 型特质的孩子很有耐心、会听父母的话、重视团队的荣誉、很顾家、爱家、喜欢家、不喜欢争执、会顺从团队的意见。但不容易表达自己内心的感受，自信心不够，怕得罪人或伤害人。

S 型特质孩子思维模式呈现的特点是纪律性思维及团队思维较强。

## 4 C 型特质孩子的思维模式

C 型特质孩子做事慢条斯理、井然有序；喜欢遵守规定；喜欢思考、逻辑思维强；喜欢用数据说话；有条理、有自己的主见及做事的顺序。例如，他们喜欢按照自己的顺序写作业并且会按时完成，作业也会特别整齐干净。

C 型特质孩子的思维模式呈现的特点是结构性思维和创造性思维较强。

# 不同 DISC 特质孩子使用思维导图的差异

每个孩子的性格特质不同，在使用思维导图这个工具的时候，每个孩子呈现的思维模式也是不一样的，就如图 14-2 所示。

比如 D 型特质的孩子反应快、目标准、执行力强、领导性思维强，可以说是一点就通，你一说完，他就已经画完一张图，同时还加上了自己的理解。思维导图简单、清晰，内容详尽得当。

而 I 型特质的孩子呈现出的创新性思维较强，就像一个社交家，所以他的注意力可能就不那么集中，你让他画图的时候，他要么拖延，要么就天马行空地画。思维导图呈现的内容跟你布置的内容关联性不是很大。

S 型特质孩子比较有耐心，做事认真，在人际交流当中则属于小好人。他们画图的时候是一板一眼、认认真真地在画，很有耐心，思维导图几乎跟你的示例很相近，能看出其规则性思维较强。

C 型特质孩子能自己独自完成作业，且全程安静少言，其思维导图作业呈现的内容条理性和逻辑性都很强。

这些孩子的性格特点都能通过思维导图表现出来，通过这个工具，我们不仅能引导孩子轻松思考，还能通过思维导图内容的差异，认清不同孩子的性格特质，与他们建立起沟通的桥梁。



## 三 解析八大思维导图

在儿童思维导图里，最常用的有 8 种。这八大思维导图模式主要是根据美国著名思维训练专家 David Hyerle 博士于 1988 年提出的思维地图（Thinking maps）整理得出的，在美国的课堂中运用较多，属于思维导图里比较基础的应用，是帮助孩子隐性思维显性化的工具。这些思维导图能增加孩子思考的深度和广度，让他们的思考更有条理，在学习和生活中都能发挥巨大的作用。

这八大思维导图主要培养孩子 8 种不同的能力，如发散思维能力、联想思维能力、拓展思维能力、对比思维能力、分类思维能力、逻辑思维能力、因果能力、类比能力等。掌握这 8 种思维导图，可以让孩子学会轻松思考。

### 圆圈图与气泡图

#### 1 圆圈图

圆圈图又名 Circle Map，它是一种联想思维，主要应用于主题思考及头脑风暴。

**概念意义：**圆圈图主要用来联想与中心词相关信息的一种图示。它主要由一个大圆和一个小圆组成，小圆里是核心主题，小圆外大圆内则对主题进行描述，罗列了与这个核心主题相关的所有描述和理解。联想的信息可以是文字，也可以是表格、图像等。联想到的信息越多越好。填写方法如图14-3所示。

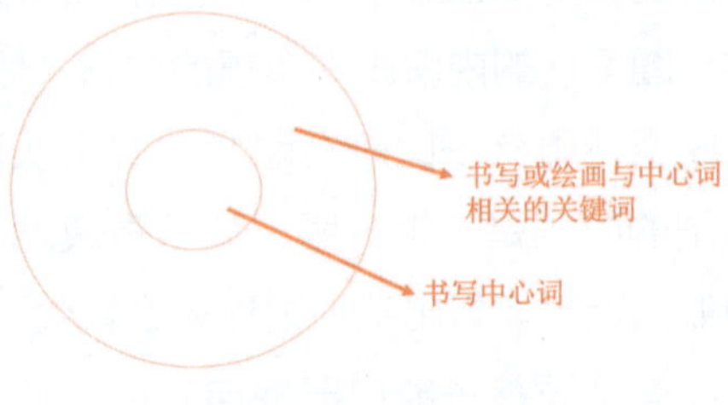

图14-3 圆圈图示例

圆圈图是思维导图最基础、也是最简单的一种表现形式，因为它简单明了、直截了当，可以更好地帮助孩子进行主题思考和头脑风暴。

**【应用场景】——阅读前的思考，主题式阅读**

家长们常让孩子多读书，却往往忽视了孩子们读书的方法。其实孩子在阅读一本“新书”之前，往往已经有相关的知识储备，他们可能听过、看过或想过相关的内容。而调动这些知识储备，就能把阅读和学习的效果大幅度提高。

以短片电影《鹬 Piper》为例，在做电影阅读[1]前，父母可以先让孩子画圆圈图；再让孩子思考鸟类有什么特征，写在小圆外，大圆内；最后去做电影阅读的时候，效果就会好很多。这个过程能将孩子以前零碎的印象，归纳成一个知识体系。而在画完后进行阅读、观看，不仅孩子会觉得很轻松，知识也能得到更好巩固。

## 2 气泡图

气泡图又名 Bubble Map，它是一种拓展思维，主要用于描述“中心”事物的特征。

**概念意义：**气泡图跟圆圈图类似，气泡图中间的大圆内写中心词，大圆周围的小圆圈写上描述该中心词特征的词语。它由许多泡泡组成，中间部分是主题泡泡所要描述的核心问题，周围的泡泡通常称为“属性泡泡”，每一个属性泡泡都有一条线和主题泡泡相连接，图 14-4 所示即为气泡图的示例。

同时，我们需要注意描述中心词特征的词语一般都是形容词或形容词性短语等描述性词语。描述性词语数量越多、越深刻、越具体越好。

1 编者注：看电影也是一种阅读方式。

**【应用场景】——主题写作**

气泡图的应用十分广泛，它是帮助我们认识事物的有效的可视化工具。通过绘制气泡图可以加深对事物的认识，培养我们思考的广度、深度以及描述事物的精确度。比如写作主题作文时，一提到天气，想到的都是“阳光明媚”“万里无云”这样千篇一律的词汇，不仅老师不会给高分，孩子也会觉得无趣，更不会进步。而好的文章，往往需要有很多的细节描写和丰富的联想，而气泡图就能很好地锻炼孩子这方面的能力。

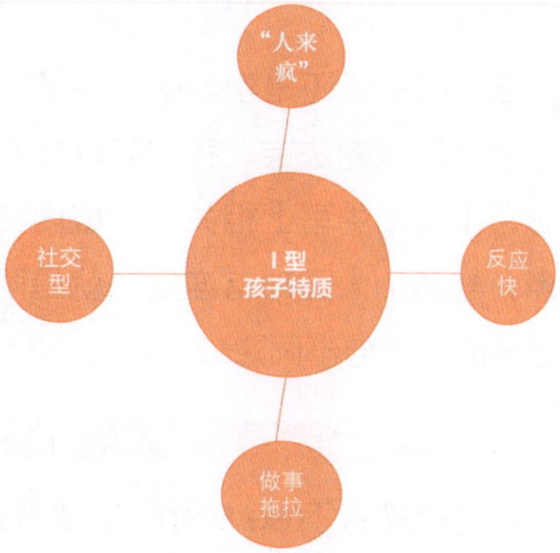


图14-4　气泡图示例

同时，当孩子看优秀的文章时，也可以用气泡图归纳文中对人或物的描述，并运用在自己的文章中，长此以往，写作水平也一定大有提高。

## 双气泡图与树形图

### 1 双气泡图

双气泡图又名 Double Bubble Map，主要用于对比两种事物的异同。

**概念意义：**双气泡图是单一气泡图的升级版，因为很多时候有不止一个主题，这个时候就要用双气泡图，甚至多气泡图了。双气泡图有两个中心词，分别是需要比较的两个不同的事物。然后在两个中心词之间的气泡中，书写两个事物的相同点；在两个中心词两侧的气泡中，书写这两种事物的不同点，如图 14-5 所示。

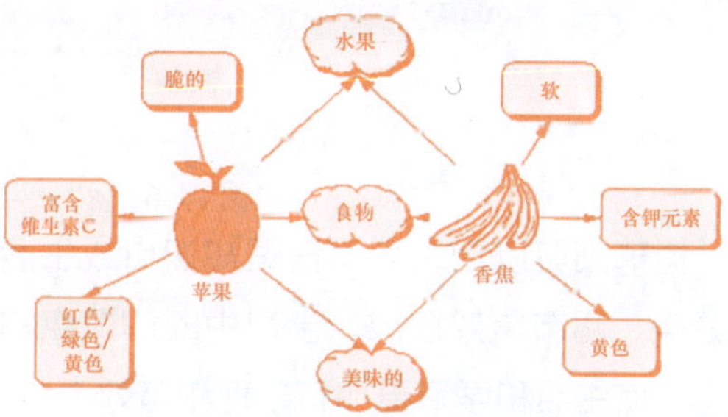


图14-5　双气泡图示例

与气泡图不同的是，双气泡图中的相同点和不同点不局限于形容词，它可以是名词或短语。此外，两个事物的不同点尽量对应书写，对应要点最好是同一个角度的特有属性，但要避免“是”与“不是”的描述。

**【应用场景】——事物对比**

无论在生活还是学习中，孩子们可能都会碰上相似的概念，双气泡图就是一个进行对比的法宝。我们可以在左右两个大圆圈中分别写上两个混淆不清的概念，小圆圈中写上相关特征或内容。只与一个大圆连接的小圆就是两者的不同点，与两个大圆都有连接的就是两者的共同点。画完之后立刻就能分辨出两者之间的相同与不同之处了。

## ❷ 树形图

树形图又名 Tree Map，它主要用于将事物进行分类。

**概念意义：**树形图就像一棵倒立的树，最上方的树根是主题，树枝就是关于这个主题的分类，也就是类别，而树叶则是这些分类里面具体的相关描述。在绘制树形图时，应先写出主题，再根据类别数量画出分支，最后书写类别。

图 14-6 所示为 DISC 4 种不同的性格特质的树状图，它先写出 DISC 性格特质的主题，再将其分为 4 类，最后是每个特质的性格形象代表。

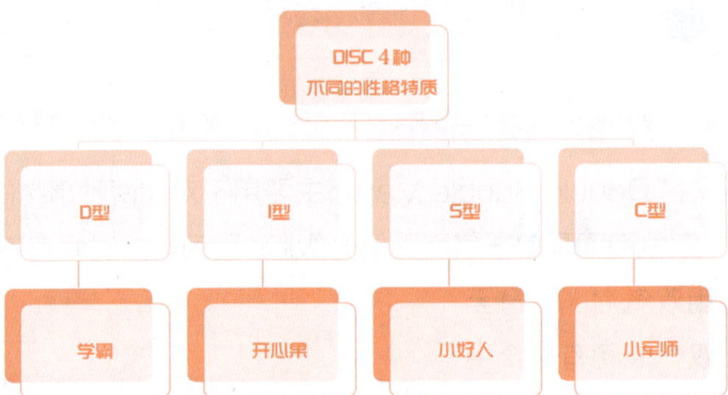


图14-6　树状图示例

树形图可以用来分类整理知识点或生活场景，比如生活中的物品分类、垃圾分类、超市货架摆放，学习中的知识点的分类整理、众多学科概念的分类讲解等，使生活和学习更加有条理和有效率。

**【应用场景】——理清复杂的人物关系**

阅读名著对孩子而言必不可少，但有些名著里面难记的人名和复杂的家族关系又很让人头疼，而画树形图会让一切变得简单明了。比如《红楼梦》中贾家的人物关系图就可以用树形图来表示，可以让人一目了然。

因此，如果要锻炼孩子梳理事物之间分类关系的能力，培养他们的分类思维，就可以用树形图来进行练习。

# 括号图与流程图

## 1 括号图

括号图又称 Brace Map，主要用于分析事物的结构。

14-7　括号图图示

**概念意义：**括号图由关键词和大括号组成，“整体”在左侧，它的“部分”在右侧，中间是大括号，“部分”还可以作为“整体”继续拆分。其中，关键词大多是名词，如图 14-7 所示。

括号图可以包含多个层次，但层次的划分要合理恰当，例如：树冠、树干、树根在同一个层次，而果肉和树干则不能放在同一层次。尤其需要注意的是，树形图主要表示类别关系，而括号图则用来表示整体与部分的关系，可以帮助孩子分解一个事物的结构，理解整体和局部的概念，但是不能用来分类。我们需要注意这两种图在这点上的区别。

括号图的作用是让我们在关注事物整体的同时，也要关注整体的内部组成部分，这样才能建立对事物全面客观的认识，也可以加深对事物的理解。括号图的主要目的在于帮助我们理解具有复杂结构的事物或概念。

**【应用场景】——课堂上归纳老师所讲的知识**

学会括号图，对孩子上课记笔记非常实用，可以让孩子对知识进行归纳梳理，使其条理清晰、方便记忆，而且很多老师上课也是使用括号图来写板书的。

## 2 流程图

流程图又称 Flow Map，主要用于对事物过程的把握。

**概念意义：**流程图是由方框和箭头组成的，每一个方框中书写一个步骤，箭头方向表示步骤的顺序。方框的形状和排列方式没有限制，按照自己喜欢的形状和布局绘制即可。书写步骤时，描述要精简概括、准确无误。流程图可以非常清晰地描述一件事情的各个过程。比如绘制思维导图的 4 个步骤就可以用流程图进行表示，如图 14-8 所示。

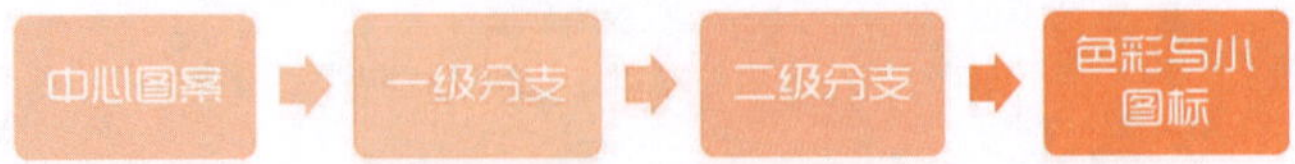


图14-8　思维导图绘制步骤流程

**【应用场景】——各种计划**

流程图在我们的生活和学习中应用十分广泛，无论是学习规划、作文前列的提纲还是一天的生活安排等都可以利用流程图来进行梳理。所以如果家长们打算教孩子做一些事，流程图也非常实用。无论是一天的安排还是做一件事的先后顺序，家长都可以让孩子自己一步一步罗列出来对照完成，孩子做事也会变得很有条理。

## 复流程图与桥型图

### 1 复流程图

复流程图又称为 Multi-Flow Map，主要应用于分析事物之间的因果关系。

**概念意义：**复流程图是流程图的升级版，也可以理解为流程图的组合，它是将流程图的步骤、顺序关系变成原因和结果的描述，以此形成复流程图的一个分支，多条分支组合起来便形成了一个复流程图。

复流程图能帮助孩子分析引发事件的原因并总结事情发生的结果，这能很好地让孩子把握事情的来龙去脉。绘制时要注意，牵头的方向是原因和中心词，再从中心词到结果。原因和结果的表达要简洁完整，而且某一个现象所导致的原因和结果不必一一对应，图 14-9 为一个复流程图的图示。

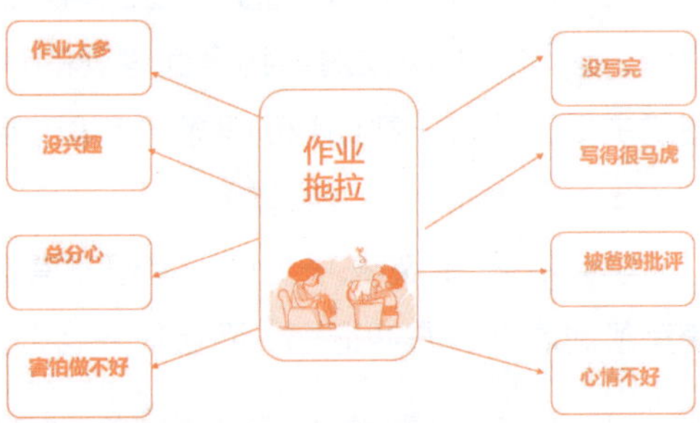


图14-9　复流程图图示

复流程图用于描述某一事件的原因及其导致的结果，是我们分析问题的好帮手。当遇到难以解决的问题时，便可以将这个问题作为中心词，对它产生的原因及其导致的结果进行分析，这样可以锻炼我们的因果分析能力和批判性思维。

**【应用场景】——帮助孩子认知事情的因果关系**

复流程图不仅可以运用在阅读中，在生活中也有重大意义。如果孩子们写作业拖拉，家长可以和孩子一起画多流程图，如图 14-9 所示，这能让孩子思索其中的关联和对错，从而真正得到成长。

## ❷ 桥形图

桥形图又称为 Bridge Map，主要用于分析事物之间的类比关系。

**概念意义：**桥形图用来描述事物之间的相似和类比的关系。桥形图横线的上面和下面写下具有相关性的一组事物，像一座桥一样，因此得名。横线的上方和下方书写一组具有某种关系的两种事物，每组事物的关系是相同的，各组之间形成类比关系。

绘制桥形图的关键在于，明确上下两个事物之间的关系，绘制时要保证每一组上下两个事物都满足这个关系，如图 14-10 所示的内容。

图14-10　桥形图图示

**【应用场景】——学习类比**

桥形图这种类比方式在我们的学习和生活当中也非常有用。它能建立事物之间的联系，将属性接近或相似的事物进行比较分析并从中得出类似事物的方法和规律。因而介绍某种事物、探索事物的特征、发现新规律新事物等都可以使用桥形图。

家长在教孩子学习某些知识时也可以使用桥形图这种类比手法，如图 14-10 所示，动物身上都有不同的东西覆盖——哺乳动物（皮毛）、鸟类（羽毛）、爬行动物（鳞片）、两栖动物（光滑的皮肤），这样做类比，孩子就能够很快地记忆一连串的知识，非常有效。

通过上文的介绍可以发现，这八大思维导图是一个将孩子隐性思维显性化的思维工具。它能把一长串枯燥的信息变成彩色的、容易记忆的、有高度组织性的图，从而帮助孩子理清逻辑、拓展思维，让孩子能更严密、更开拓、更轻松、更明确地思考。

## DISC经典

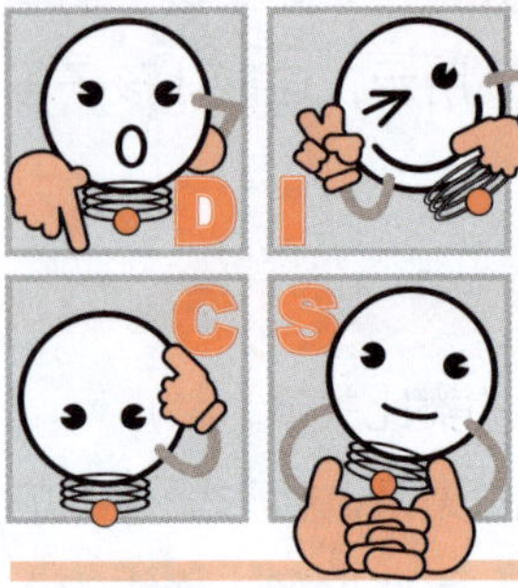


孩子的 DISC 特质可以通过思维导图反映出来，所以可以借此工具与孩子建立沟通桥梁，帮助孩子提高学习效率，学会轻松思考的模式。

# 15

# 用心沟通

## ——做一位人见人爱的园丁


**徐巧双**

- DISC 国际双证班第 52 期毕业生
- 儿童私密教育理念创始人
- 华中师范大学教育硕士
- 美国匹兹堡州立大学教育学硕士

关注“徐巧双”

# 一
# DISC 与教师行为风格



你有没有参与过这种游戏?

假设你犯了一个错误，其他人用沉默的方式来惩罚你。刚开始的时候，你可能会觉得无所谓，但过了一阵子，这种被当成透明人的压力开始逐渐萌生。如果这个游戏持续得够久，你可能会发现自己已经退缩到某种沮丧的状态，甚至开始产生对抗和敌意。其实此刻你之所以产生这些心理或行为，一方面是为了表达自己的愤怒，另一方面是想得到别人的回应。所以，沟通其实是来自他人的陪伴和回应，是人类最基本的需求之一。

作为一名老师，面对几十甚至上百个孩子和家长，如何进行有效的沟通也成了工作的重点内容。很多老师都因为平时沟通不顺畅而产生巨大的工作压力，他们不明白，明明我说的是 A，为什么对方接收到的是 B 呢？为什么对方知道这件事情这样做不合理，可就是做不到呢?

其实我们忽略了一个问题——沟通是为了满足需求，解决问题。

当我们与家长、学生沟通之前，有没有思考过我们沟通的目的是什么？我们自己的需求是什么？对方的需求是什么？这个需求不是指每一次沟通的具体需求，而是作为不同的个体，不同的性格特质，在沟通时所呈现的不同状态。

如果我们无法回答这个问题，那么可以先借助 DISC 行为风格理论来对自己和他人进行测评。

## 认识 DISC 行为风格理论

DISC 行为风格理论最早出现在 1928 年美国的威廉·马斯顿的《常人之情绪》一书中。借助心理学和计算机技术，DISC 目前已经发展成为全世界使用最广泛的测量系统之一。

老师的工作需要跟人打交道，所以悦己识人的能力非常重要。作为老师，首先需要弄清楚与学生的沟通目的究竟是管理学生的行为，还是激发学生的动力？跟家长的沟通是教育家长还是请求合作？我们究竟是要着眼于提高成绩，还是要关心学生的成长？抑或是兼而有之？如果答案是 yes，那么我们要怎么做到呢？

俗话说，知己知彼，百战不殆。

DISC 作为一个知己知彼的工具，可以帮我们认识自己，了解他人，扬长避短，真正让沟通卓有成效。

根据 DISC 行为风格理论，对人行为风格的测量主要分为两个维度：维度一，关心人还是关心事？维度二，主动还是被动？

举个例子。如果你在办公室，班长跑来报告说：老师，班上有人打架了！你的第一反应是什么？你是会问：为什么打架？还是会问：有没有人受伤？如果你的反应是前者，那么你的行为风格偏向于关注事；如果你的反应是后者，那么你的行为风格偏向于关心人。

如果你决定要对这两个打架的学生进行处理，你是赶到现场立即处理呢？还是要等到想好方法后再去处理呢？如果你是火冒三丈，赶到现场立刻处理，那么你是主动型、行动快的人；如果你表现冷静，考虑成熟再做出处理，那么你是被动型、行动慢的人。

不同行为特质的人在面对同一件事时，通常会有不同的表现，但不管是哪一种表现，都没有好坏对错之分。比如，行动快的老师当场就处理了两个打架的同学，强行制止了他们的打架行为，但是不能保证以后不会再次发生。行动慢的老师当时不处理，有助于自己和学生从情绪中抽离，但是也可能因为态度和手段不够强势，导致事后两人再起冲突。

## 教师的 DISC 行为风格划分

DISC 根据一个人是任务导向还是人际导向，主动还是被动，把人的行为风格分为 4 种。不同类型的人其特质组成不一样，比如某个特质所占比例比其他人多一些，而有些特质所占比例则少一些。

### D 型特质老师

D 型特质比较明显的老师往往说话声音大、语速快，经常给学生下达命令，并且需要他们立即执行。D 型特质高的人像一个指挥者，他需要很强的成就感，因此常常会看重学生的成绩及一些可以量化的标准。D 型特质的老师不太能够主动察觉学生的情绪状态，可能会对学生造成压迫感而不自知。“有志者，事竟成”是 D 型特质老师的座右铭，他们的沟通特点是：我说，你做，不要问为什么。

### I 型特质老师

与 D 型特质明显的老师相比，I 型特质明显的老师会比较关注学生的情感和情绪状态，容易跟学生打成一片，受到学生的拥护。但班级管理的规则制度、学科成绩提高方法等事情上的细节投入往往不足。I 型特质老师沟通的特点是：我说的都是对的，你要拥护并且认同我。

### S 型特质老师

S 型特质比较明显的老师工作比较勤奋努力，会为学生考虑，但往往难以在学校的评优评先名单里找到他们，学生对其评价也不是很高。主要原因是 S 型特质比较高的老师不太愿意展示自己，他们耐心有余而表现力不足。S 型特质老师沟通的特点是：你需要的，我都尽力提供给你。

### C 型特质老师

C 型特质比较明显的老师常常表现得很清高，比较不容易接近，因为他们的内心有一杆秤，这杆秤是他们的对外标准，一般人不知道。C 型特质老师不管是对自己还是对别人，要求都很高，关注事情的程序和制度有时候会过于理性。C 型特质老师喜欢制定各种规章制度，进行成绩对比分析，用数据说话。他们在某些时候跟 D 型特质老师一样，不太关注学生的情感和行为表现，更追求满意的结果。C 型特质老师沟通的特点是：按照我的标准来才是对的。

可能有人会问，哪个特质最容易让沟通更有效率呢？

其实在不同的场景下，每个特质都有自己的优点，也有自己的短处。我们学习 DISC 的最终目的是为了让自己的沟通更有效，工作更顺利。沟通的前提是尊重，不管是哪种行为风格，在沟通之前都应该先摆平心态。沟通的目的是“让了解发生”，而不是把我们的意志强加给别人。

# 二 运用 DISC 做好沟通

做好沟通的前提是了解沟通的对象。在跟家长和学生沟通时，运用 DISC 理论对其行为进行分析，可以在很大程度上提升沟通效率。

## 不同 DISC 风格的老师如何与学生沟通

前面说到，不同行为风格的老师在跟学生沟通时会表现出不同的特点。

### D 型特质高的老师有极强的存在感

孩子们需要一个领导型的老师帮他们树立清晰的目标，带领他们一步一步走向成功。但是，他们也常常会觉得这种类型的老师太严厉，不近人情。所以，D 型特质高的老师在和学生沟通时，要多关注对方的想法和自己的言行，不要给学生带来太大的压力，防止学生对老师的疏离和对立。

### I 型特质高的老师与学生一起玩到嗨

I 型特质高的老师往往衣着考究，谈吐幽默，学生很喜欢这样的老师。但是，I 型特质的老师在跟学生沟通之前，最好能列个清单，明确沟通需要谈论或解决的具体事项，以免聊得太漫无边际，模糊了本来的沟通目的。I 型特质的老师反应很快，很注重学生对他们的评价，但要注意不要总把注意力放在学生的感受身上，要着眼于问题的解决。

### S 型特质高的老师非常愿意付出

在经历长时间的相处后，学生通常会比较喜欢 S 型特质高的老师，因为他们会非常照顾学生的感受，对学生的关心无微不至，但也容易缺乏威严，从而在学生中没有存在感。在与学生沟通的过程中，如果 S 型特质老师能提前跟学生讲好规则并坚定执行，工作开展会更加顺利。反之，如果没有提前跟学生约定，S 型特质老师的课堂纪律就不会很理想。

**C 型特质高的老师衣饰简洁整齐**

C 型特质高的老师头发整洁，形象专业。他们很少佩戴首饰，最多佩戴手表，常常戴着眼镜。眼镜有助于 C 型特质老师与别人保持距离，手表可以提醒别人他们的时间很宝贵。C 型特质老师的沟通常常用数据说话，告诉学生哪儿做得不对，证据是什么，以后需要达到什么程度才符合他们的要求。C 型特质老师不说废话，让人感觉有些冰冷和清高，容易和学生产生距离感。所以，C 型特质老师要主动去关注学生的情绪和行为，发挥他们细致、敏感的特点，更有利于培养学生的规则意识。

## 不同 DISC 风格的老师如何与家长沟通

通过DISC的学习和应用，老师可以更好地发现并区分学生家长的行为风格。那么，面对这些特质各异的家长，要怎么完成沟通任务呢？

### 1 与 D 型特质家长的沟通



D 型特质家长在与老师沟通时，喜欢听老师汇报孩子的情况。比如，他会很简单地问好，然后自己坐下询问孩子发生了什么事情，甚至可能会直接询问老师请他来的目的。遇到这一类家长，最好的沟通方式是不要过多寒暄，让他先说。D 型特质明显的人习惯于向他人传达压力，却不喜欢接受来自他人的压力。所以在沟通中，座位的安排上要避免居高临下，讨论孩子问题时要因势利导，避免 D 型特质家长对老师产生对峙或者怀疑情绪。同时，D 型特质家长好面子，他们的孩子如果在学校出了问题，他们的管教方式往往会有些粗暴，所以如果孩子在学校有一些问题，不要直接和他们说孩子哪里表现不好。在跟 D 型家长沟通时，帮他一起为孩子设立目标是他最喜欢做的事情，特别是当这个目标是可实现、可达成的时候，他会一心一意帮老师执行。

### 2 与 I 型特质家长的沟通

I 型特质高的家长是社交高手，I 型特质家长很远就会热情地和老师打招呼，笑容满面，衣着时髦，饰品新奇。I 型特质家长会主动和老师握手，然后有礼貌地进行问候。跟 I 型特质家长聊天永远不用担心冷场，他们一般都自带话题。一般来说，跟 I 型特质家长的沟通就是他说你听，懂得赞同他，然后适时提出要解决的问题。与Ｉ型特质家长沟通，提出问题非常重要，如果忽略这一点，可能会让整个沟通过程变成Ｉ型特质家长一个人的独角戏。在跟Ｉ型特质家长沟通孩子的问题时，最好先评价孩子的优点，将优点与缺点分开，因为Ｉ型特质家长很需要认同。可以使用这样的句式——“孩子真是个好孩子，就是这件事情做得不太好。”这种方式Ｉ型特质家长更容易接受且更愿意与老师配合。

### ❸ 与S型特质家长的沟通

S型特质高的家长比较腼腆，见到老师甚至会有点紧张，因为他们很担心孩子给老师添麻烦。S型特质家长是天生的支持者，如果沟通顺利，那么老师此后的工作开展会轻松很多。S型特质家长需要老师恰当地对他们表示关心，比如见面以后如果主动礼貌地询问他们最近的工作、生活情况，跟他们寒暄，会让他们感觉非常好。所有家长都希望自己的孩子能得到老师的认可，D型、I型、C型特质家长自己对孩子会有一个比较恰当的评价，但S型特质家长的评价往往会建立在他人的看法之上。跟S型特质家长的沟通有点类似于跟Ｉ型特质家长的沟通，最好把孩子的优缺点分开指出并评价。如果跟D型、Ｉ型特质家长说孩子犯错误、不守纪律等问题，D型、Ｉ型特质家长可能鉴于自己对孩子的理解而不认同老师的看法，但是S型特质家长则会因为这个问题感觉到很大的压力，乃至不知所措。所以，对S型特质家长一定要多鼓励、多肯定，特别是肯定他们的教育方法。

### ❹ 与C型特质家长的沟通

C型特质高的家长对于老师而言，可能是最需要沟通之前做好准备的家长类型。跟C型特质家长沟通之前，老师一定要准备好学生的各项资料，比如平时作业记录、考试成绩、老师评语、上课表现等，这样跟C型特质家长沟通才会达到更好的效果。C型特质家长看数据说话，如果老师不提供相应的数据，他可能会难以信服。另外，C型特质家长比较追求完美，对孩子的要求会比较高，相应的对老师的要求也会比较高。C型特质家长往往是比较容易挑剔和指责别人的一类家长，跟这类家长沟通一定要注意说话的逻辑和层次，这样他们才能够顺利地接受老师想要表达的内容。

总之，作为老师，懂得自己的特质和理解他人的特质都很重要。只有掌握了识别他人行为特点的本领，才能够沟通自如，保持与学生、家长的和谐关系，让工作进展更加顺利。

DISC+经典

做好沟通的前提是了解沟通对象。通过 DISC 的学习和应用，老师可以更好地发现并区分学生与家长的行为风格，从而顺畅地沟通。

# 16

# STEAM 教育
## ——让孩子成为更自信的自己

**周 燕**

- DISC 国际双证班第 37 期毕业生
- 教育硕士
- 优秀科技辅导教师
- 正面管教讲师

关 注 “ 周 燕 ”

一

# 关于自信的误区与 STEAM 教育



人们常说要有自信。自信并不是一种实际的能力，而是一种积极有效地表达自我价值、自我尊重、自我理解的意识特征和心理状态。对于孩子而言，拥有自信可使他们不怕困难、积极尝试、奋力进取，获得更优秀的成绩和更健康的心理状态，对孩子的成长起到十分积极的作用。

自信心的重要性不言而喻，但要说到孩子自信心的培养，很多家长却感觉无从下手。事实上，孩子自信心的培养需要借助合适的教育方式和手段，强化孩子的实际能力，对孩子进行正向的鼓励和赞扬。

## 关于自信心的误区

针对孩子自信心的培养，有两个十分重要的因素——对自信的认识和教育方式。而关于自信心，很多家长容易形成认识上的误区。

误区之一——自信心是天生的。

很多家长认为别人家的孩子天生就很自信，不用刻意培养，而自己的孩子天生不自信，怎么培养都没用，这种想法当然是不正确的。动物在出生之后，可能不需要经过太多的照顾就能存活，但人类却要经过一段很长时间的悉心照料，需要在成年人的引导下不断学习和成长。在这个过程中，孩子所接触的、所认识的一切都可能对自身自信心的形成产生影响。

误区之二——一事自信，事事自信。

有些家长认为，孩子在一件事情上有了自信，那么对每样事都应该很自信。其实不然。一般来说，大部分人都会对自己擅长的领域更有自信。比如，让一位科技辅导教师带领孩子们参加科技活动，这不难，但如果让科技辅导教师给孩子们教英语，可能就会比较困难。孩子也一样，他们不可能在所有事情上都很自信。

## 关于 STEAM 教育

我们说，孩子自信心的培养离不开一个好的教育方式，但教育方式并不是有且只有一个答案的数学题，家长们可以有多个不同的选择，这里主要介绍 STEAM 教育。

STEAM 教育是将五大学科——科学（Science）、技术（Technology）、工程（Engineering）、艺术（Art）、数学（Maths）融合起来的一种教学形式，比如技术和工程结合、艺术和数学结合、科学和工程结合等。STEAM 教育不仅仅提倡学习这五个学科的知识，更提倡以整合的教学方式，培养学生跨学科思维以及灵活迁移解决真实问题的能力。

与传统教育形式相比，STEAM 教育更注重学习的过程，而不是结果。它基于现代建构主义教育理论，注重实践和动手能力，让孩子们自己动手完成他们感兴趣且和生活相关的项目，在制作过程中建构起关于科学、技术、工程、艺术和数学的学科知识以及跨学科的思维。

以 FEG 智能车[1]为例具体说明。FEG 智能车是学生设计、拼装、驾驶并相互比拼的趣味项目，被中央电教馆和教育装备司列为 NOC（Network Originality Competition，全国中小学信息技术创新与实践活动）比赛项目。它涉及科学、技术、工程、艺术、数学等领域，帮助学生建立以“智能控制 + 电机 + 创客教育 + 互联网”为核心的知识骨架，提高孩子们的现代科技素养。

1　FEG 是未来教育集团（Future Education Group）的英文简写。

与其他模型、信息技术现场赛、环保绘画、手抄报、七巧板、数棋等科技活动相比，智能车比赛的主要特点有两个：一是小组合作，三人共同完成任务；二是任务适合拆解，可操作性强。

STEAM 教育强调实践动手能力，可以激发孩子们对于知识的渴望和对于学习的兴趣，能够使他们自发地参与到 STEAM 学习之中，帮助他们抓住关键问题，并创新方法。

“兴趣是最好的老师”，因为有了兴趣，孩子们在学习中才会获得乐趣，探寻知识，并不断对这些知识进行整合，进而逐渐建立起属于自己的知识体系，最终帮助孩子们真正拥有应对快速变化的科技和进行创造性发展的能力。

## 二 基于 DISC 进行 STEAM 教育

要实现对孩子的正面教育，离不开家长的信任、支持和鼓励，这也是帮助孩子培养自信心的关键。但自信心的来源归根结底是基于孩子自身的能力，只有当孩子萌生了学习兴趣，在某个领域或方向上有了自主动力之后，他们才能保有持续的自信心。

那么如何调动孩子们的兴趣，培养他们的能力呢？

### 运用 DISC 优化活动流程

DISC 是一种研究人行为倾向性的理论和工具，主要用于提升对人的敏感度。人有 4 种基本的性向因子，这些性向因子以复杂的方式组合在一起，构成了每个人独特的性格。

我们经常说现在的孩子不太会沟通，协作能力不强，其实是因为他们没有接受好的沟通教育，也没有很好的机会和环境去学习和实践。但是当孩子们参加到 STEAM 教育的项目学习中，他们就可以在真实的场景中得到锻炼。

在进行 STEAM 教育的团队活动中，通过调动自己和孩子们的 DISC 特质，可以让团队活动变成更加有参与性，同时也可以让活动的流程更加科学、准确。

下面以参加 FEG 智能车项目为例，从组建项目团队、选拔项目成员的角度看看如何使用 DISC 的 4 项特质进行流程优化。

## 1 调用 I 型特质，带领孩子们设计有趣的选拔环节

在 STEAM 教育的项目学习中，环节设计的好坏、优劣会直接影响孩子们的参与热情和结果。

### 1 组建导师团队选拔队员

为了迎接 FEG 智能车团队的全国比赛，激发孩子们的参与热情，准备组建学生主导的导师团。在召开导师团会议时，可以调动 I 型特质活跃参赛气氛，设计有趣的环节，并给予孩子们鼓励。比如，“在过去的一年里，你们通过自己的努力取得了优秀的成绩。所以从动手能力来看，你们已经非常优秀了。那么这个学期我们玩什么呢？——由你们来做导师吧，当一个能让整个团队都更厉害的优秀导师，比一比，哪个导师的团队更厉害！”

作为老师，组建导师团队后还可以引导孩子们发挥 I 型特质，通过头脑风暴的方式设计好玩的“团员选择”的环节。比如针对“选新人用什么形式好呢？”这个问题，给出类似“中国好声音”节目的转身模式建议，引导孩子们开启选拔大会——每组由队长背对新人，组员做智囊团，1 分钟讨论时间过后，决定是否为新人转身。没有导师转身的同学留在待定席，进入人数未满的导师队伍。

### 2 激励新学员参与活动

高年级的孩子做导师，低年级的孩子可以做队员。当低年级的孩子了解智能车是一个什么项目、好玩在哪里、社团活动内容等信息之后，可以告诉他们：今天你们是新人，下学期你们就是导师了！你们会从师兄师姐的身上得到非常多的传承，以后你们可以很自豪地告诉别人，我曾经带领了一支队伍，通过努力获得了怎样的成绩。配合 I 型特质，给孩子们描绘愿景，能激发孩子们的参与兴趣。

## 2 调用 D 型特质，迅速规划选拔环节

确定了第一次的招新活动模式后，就可以调动 D 型特质对流程进行规划。

首先确定主持人，比如让竞选主持人的孩子现场即兴演讲，其他孩子通过投票或站位的形式对主持人进行支持。然后进行导师分组，可以设计相应的游戏或活动进行分组，也可以让孩子们自由选择分组。最后选择组长并确定分组和流程。

### ③ 调用 C 型特质，引导孩子们思考如何进行自我介绍

环节确定好之后，引导孩子们调用 C 型特质认真思考活动相关问题，比如如何进行自我介绍。大多数孩子的自我介绍通常都流于形式，诸如我是谁，来自哪个班。为了启发他们的进一步思考，提示他们从吸引新人的角度进行自我介绍，对该环节进行更多设计。孩子们通过讨论，明确了介绍的目的是吸引优秀人才入组。最后再引导孩子们继续思考、讨论队伍名字和选人原则。

### ④ 调用 S 型特质，给孩子们做好后勤补给工作

正式选拔的时候，孩子们按照计划招募新队员，但也需要有人为他们提供后勤补给，保证活动的顺利进行，比如道具准备、人员提醒等，当然也可以引导孩子们自主讨论和调用团队成员安排后勤工作。这个过程中，可以调用 S 型特质。

## 运用 DISC 更好地交流与激励孩子

DISC 作为一个认识人行为倾向的工具，不仅可以帮助我们认识自己，还可以帮助我们认识团队成员，懂得从他人的角度出发，根据不同成员的特质实现更流畅有效的沟通。

在沟通过程中，沟通效果的好坏不是取决于我们使用什么方式，而是由对方习惯接受什么方式来决定。更进一步来说，在沟通中学会察觉、分析对方的行为偏向和风格喜好，我们就可以挑选更合适的策略进行沟通。例如，与 D 型特质孩子聊结果，因为他们目标明确；与 I 型特质孩子聊气氛，因为他们喜欢与人交际；与 S 型特质孩子聊细节，因为他们细心平和；与 C 型特质孩子聊数据，因为他们讲究条理。

孩子们处在成长时期时，其行为特质具有很大的不确定性，我们不必给孩子们的 DISC 行为倾向下定义，但可以根据他们当前表现出来的行为特质找到合适的相处和激励方式。

#### D 型特质孩子的行为特点

有主见。

喜欢按自己喜欢的方式做事。

不容易听取别人的意见。

说话直接，不容易控制自己的情绪。

意志比较坚定，“只要我喜欢，有什么不可以”。

### I 型特质孩子的行为特点

重感觉。

对团体的认同和接受很敏感。

不太擅长自我管理。

喜欢群体生活。多朋友，讲义气。

缺乏耐心，不喜欢被唠叨。

喜欢创造快乐，表情十分丰富。

### S 型特质孩子的行为特点

有耐心。

十分听父母和老师的话。

不容易表达自己内心的感受。

很重视团队的荣誉。

比较顺从，不喜欢争执。

自信心不足，很怕得罪或伤害别人。

### C 型特质孩子的行为特点

按时完成作业，慢工出细活。

遵守规定。

喜欢按自己的顺序做事。

作业干净、整齐。

对自己和别人要求高。

喜欢收藏。

团队的好成绩需要成员之间互相配合，互相合作。孩子们的互相进步也离不开家长或老师的引导和激励。比如，在一个团队中，对于外向的 I 型特质孩子，要让他们与伙伴们一起练习，记录并张贴他们的成绩，让他们与其他成员形成你追我赶的氛围，并及时鼓励他们的每一次进步。对于 S 型特质孩子，可以在每一次讨论时优先请他们发言，让他们勇敢分享自己的观点，提高他们在团队中的地位。

在孩子行为风格具有极大可塑性的成长阶段，懂得利用孩子们的性格特点让他们完成自己擅长的任务，或者克服困难完成自己原本不擅长的任务，都是建立孩子自信心的有效方式。

# 三

# STEAM 教育培养自信的 3 个步骤

通过 STEAM 教育培养孩子们的自信有 3 个主要步骤：开展有趣的项目式学习、保证项目完成、在过程中鼓励孩子。

## 开展有趣的项目式学习

可能很多人都有这种感觉——现在的孩子们学习上非常聪明，但动手能力却十分差。课堂或补习班的作业太多、家长包办各种家务活动、缺乏实际有效的锻炼机会等，都是影响孩子动手能力的主要因素，而动手能力的培养是打造孩子自信心的重要步骤。

我们看到过很多因为孩子动手能力太差而导致的悲剧，比如缺乏独立能力、无法融入学校生活、没有朋友、遭受冷眼等。要解决这个问题，培养孩子的动手能力是关键，而要培养孩子的动手能力，让孩子们参与有趣的项目式学习进行实际锻炼则是一个十分有效的方式。

那么怎么寻找有趣的项目式学习机会呢?

**寻找有资质的机构。**少年宫等地一般都有很多有效的 STEAM 项目，比如编程的、机器人的、动手实验的，也可以关注一些相关公众号选择有效项目。

**寻找有趣的公益 / 环保活动。**寻找一些有意义的社区公益活动，带领孩子亲近自然和人文，通过公益和环保树立正确的价值感。

**参观博物馆和科技馆。**科学、科技、生命科学、天文、运动等，每一项都可以让孩子们在玩耍中了解知识、开阔视野。

**积极参与学校组织的科技活动和赛事。**智力七巧板、模型比赛、机器人比赛、数棋、智能车等，都可以锻炼孩子的动手和思考能力。

## 保证项目完成

当孩子在某些项目上主动产生了动手和参与的意愿后，最好能够保证项目顺利完成，这样更利于孩子们自信心的塑造。下面以深圳大学信息中心的

STEAM 项目 FEG 智能车竞赛为例进行介绍。

深圳大学信息中心的 FEG 智能车竞赛由 4 个部分组成：Solidworks 创意设计课程、智能车组装、智能车竞速、智能车竞赛。不管是进行设计、组装、竞速还是竞赛，都是在团队的配合下完成的。在智能车的社团里，孩子们可以自由发言、发现、讨论，甚至可能因为某一个错误而冲突，当然错误并不可怕，反而是孩子们学习的好机会，这也是正面教育中对待错误的态度。

**▶ 自主尝试** 在项目或社团中，应该放手给予孩子们各种自主尝试的机会。比如，招募新人的模式模仿“中国好声音”节目，中途如果出现没有导师转身的意外，导师组需要临时开紧急会议，更改和完善流程，让孩子们在处理突发事件中慢慢成长。

**▶ 进行传承** 在项目或社团中，每一年的老队员晋级为小导师，都需要把他们从前辈们那里学到的经验和自己参赛的经验再教给新加入的小伙伴，在传承中培养更多的主人翁精神。

**▶ 发现能力** 从试错到尝试，从学习到传承，从吸收到总结，孩子们每一点一滴的进步，都是发现自己能力的过程，都会使他们更加相信自己，当他们通过努力获得了优秀的成果后，自信心也会大大提升。

## 在过程中鼓励孩子

能力是自信的基础，自信心的获得其实就是一个能力循环。

孩子们首先通过尝试获得经验，包括好的经验、坏的经验、成功经验、失败经验等。获得经验后，相应就能获得一种能力，当孩子们因为自己的能力得到肯定，就可以获得自信的动力，并愿意主动去进行更多的尝试。

鼓励在孩子自信心的培养过程中起到了非常大的作用，我们需要懂得如何有效地鼓励孩子，同时在面对不同 DISC 性格特征的孩子时，最好能够采取不同的鼓励方式。比如在计算机上使用 SolidWorks 软件拼车时，孩子们很容易在镜像位置出错，在辅助孩子们完成的过程中，就可以适当给出建议和鼓励。

**对 D 型特质孩子的鼓励：**对于 D 型特质孩子，可以从目标和结果的角度进行鼓励。当他们在操作过程中遇到困难时，我们可以鼓励说：“不错哦，我觉得你离完成就差一步了！加油！你觉得下次你应该先选择哪一根？”

**对 I 型特质孩子的鼓励：**对于 I 型特质孩子，可以从说话语气上对其进行鼓励。比如可以问：“镜像的关键点是哪里呢？”如果他回答正确，还可以回应说：“很棒！我相信你是知道答案的，希望下次你也能仔细思考后再尝试哦。”

**对 S 型特质孩子的鼓励：**对于 S 型特质孩子，可以从态度上进行鼓励。比如可以说：“我知道你是个会认真练习的孩子，来，我再示范一次。”如果他成功了，也要及时夸奖他：“太棒了！”

**对 C 型特质孩子的鼓励：**对于 C 型特质孩子，要给予他足够的时间，不要催他，可能他自己就可以独立解决问题。当他完成后，也可以鼓励他：“很棒，我一直相信你的能力。”

恰当运用鼓励的力量，孩子们在能力提高的过程中慢慢地就会拥有自信，并形成一个自信的能量循环。在 STEAM 教育的基础上，通过构建自信的循环给孩子们创设环境，让他们自主实践，逐步提升自己的能力。然后根据 DISC 性格分析理论，找到孩子们不同的行为特点，及时对他们的每一个进步给予鼓励，最终促进他们自信成长，更愿意在 STEAM 中迎接新的挑战。

## DISC 经典

兴趣是最好的老师，孩子们在项目式学习中更易发展自己的兴趣爱好，构建起自信的能力循环。

17

# 高效课堂

## ——打造教育的生命绿洲

**胡爱莲**

- DISC 国际双证班第 51 期毕业生
- 资深一线教师
- 人力资源管理师

关注“胡爱莲”

# 一 走进高效课堂

回想起学生时代的青葱岁月，可能我们很多人经历过或见到过同学上课睡觉、逃课、传小纸条、抽同学的板凳、把同学的鞋带绑在桌腿上……而作为老师总感到有一些学生让自己无比头疼，可能还有一些“运气差”的老师被学生当场气哭、气走……

现在再回想那些曾经与老师对着干的“坏事”，回想那个纯真阶段的自己，似乎都忍不住感慨万千。可是仔细想一想，那些“坏事”的出现真的是因为学生过于顽劣，或者老师不够高明吗？

很多时候，师生关系或教学课堂不够理想并不是因为老师性格不够好，或者水平不够高，也不是因为学生太过调皮难以教育，更多时候是因为我们没有找到合适的方法，去打造一个和谐高效的课堂。

## 关于高效课堂的认知

教育界关于高效课堂的问题、研究及论述历来颇多，其中有一个对高效课堂的基本描述：以尽可能少的时间、精力和物力投入，取得尽可能好的教学效果。而“尽可能好的教学效果”一般可以从以下两个方面来体现。

一是效率的最大化，指在单位时间内提升学生的受益量，主要表现为课堂容量、课内外学业负担等。

二是效益的最优化，指学生受教育教学影响的积极程度，主要表现在兴趣培养、习惯养成、学习能力、思维能力与品质等诸多方面。

如果只满足效率最大化或只满足效益最优化，都不是真正的“高效课堂”。只有二者和谐统一，“高效课堂”才能形成。简而言之，“高效课堂”至少要在教学时间、教学任务量、教学效果 3 个方面有所突破，将其概括起来就是：轻负担、低消耗、全维度、高质量。

高效课堂是以最小的教学和学习投入获得最大学习效益的课堂，其基本特征是“自主建构，互动激发，高效生成，愉悦共享”。衡量课堂是否高效，一要看学生知识掌握、能力增长以及情感、态度、价值观的变化程度；二要看教学效果的投入和获得，是否实现了少教多学；三要看师生是否经历了一段双向激发的愉悦交往过程。

从表面上看，成功构建一个高效课堂既复杂又深奥，并非一件容易实现的事情，可事实上，它真的有那么困难吗？

著名特级教师于永正说：直呼其名相对于不指名道姓，课堂效果会更好，把所授班级的学生座次表写出来，上课时放在讲桌上，这样做有助于记住学生的名字，尽快地了解每个学生。

著名高级教师郑杰说：你了解了学生就会体谅学生的苦衷，你更善良了就会被学生从心底里接受。你就握着一把钥匙，一把让学生学业成功，也让自己事业成功的钥匙。

这些名师在构建和谐高效课堂上都颇有建树，而他们构建高效课堂的诀窍，正是不断挖掘学生的不同性格特质，调整课堂教学风格。

## 高效课堂与 DISC

说到挖掘学生的性格特质，就不得不提到心理学的相关知识。

DISC 理论主要研究人的行为倾向性，用于提升人际敏感度，可以帮助使用者更好地管理自己和影响他人。

就高效课堂而言，DISC 不仅可以帮助我们了解自己，找到自己的性格特质，同时还能通过不断地调适，摸索出最适合自己的教学风格，帮助我们了解不同性格特质的学生，有效地激发他们的学习兴趣，从而实现和谐高效的教学。

那么如何融合 DISC 来构建高效课堂呢？我们使用 DISC 原理来解析高效课堂的基本特征。

**高效生成——D 型特质。**课堂上通过一定的教学方法让学生高效生成，全面提高学生的知识素养，特别是引导学生在学习中展现自信和魅力，这种自信和魅力就是学生自我能力的生成。

**互动激发——I 型特质。**高效课堂教学应该是一种互动的交流过程，既包括“师生互动”，也包括“生生互动”。通过互动让学生生动活泼地得到发展，从而激发学生求知欲望，引发学生的创造天赋，使课堂“活”起来。

**愉悦共享——S 型特质。**从某种意义上讲，课堂教学气氛实质上就是课堂上师生群体的心理氛围，而良好的师生关系、愉悦的教学氛围对提高课堂效率、减轻学生心理负担起着特别重要的作用。

**自主建构——C 型特质。**高效课堂的自主建构来源于教师对教材的理解把握，以及对知识的建构和积累。

# 二
# DISC 高效课堂构造策略

作为一名教师，“知道”是一种水平，将所知高效传递给学生则是一种能力，要想获得这种能力，首先必须了解课堂教学的现状以及低效的原因。

## 课堂教学的现状以及低效的原因

有所学校曾经调查并统计了全校学生对当前课堂的满意度，结果十分出人意料，如图 17-1 所示。

调查结果显示：

很满意的占 9.2%，较满意的占 26.8%。

不满意的占 56.3%，无所谓的占 7.7%。

其中，“不满意”主要体现在以下几个方面：

76.4% 的学生认为课堂处于被动状态，无法自由表达。

53.1% 的学生认为老师讲课死板无趣，引不起兴趣。

47.9% 的学生觉得上课的内容意义不大，且压力大。

46% 的学生觉得上课没多大趣味。

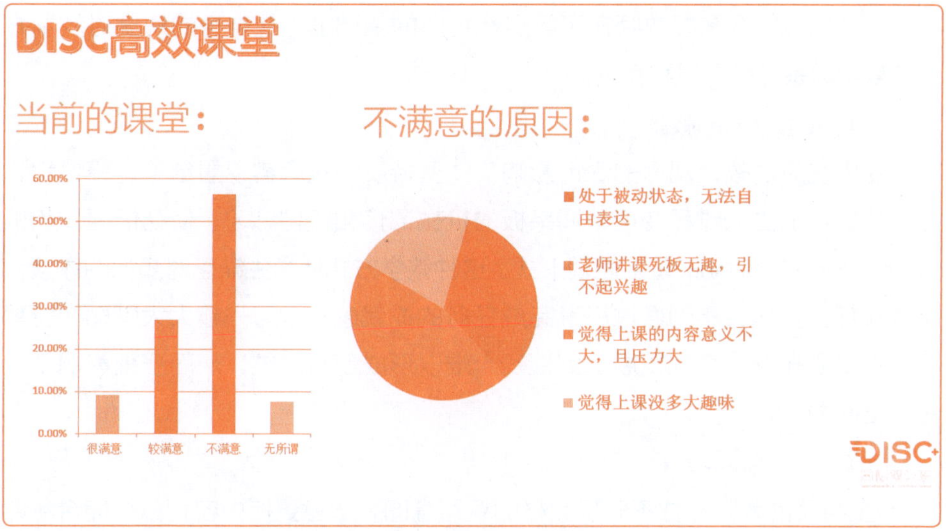


图17-1 课堂满意度

美国临床心理学家海穆·基诺特在《接受我的爱》一书中指出：“我得到一个恐怖的结论，发觉我是教学成败的决定因素。我可以用个人的方法去营造学习环境，也能用每天的心情去决定学习气氛……”教师对课堂的重要性不言而喻。

课堂上的教学活动是教师和学生共同参与的双边活动，在这种活动进程中，师生之间不仅有知识的传递，还存在着情感的交流。课堂教学作为师生活动的中心环节和基本组织形式，是学生获取知识、锻炼能力和提高各种技能的主要途径，所以如何构建优质高效的课堂是每位教师都应该思考和探索的主要课题。

课堂教学的高效性是通过课堂教学活动，让学生在认知上从不懂到懂、从不知到知、从不会到会；让学生在情感上从不喜欢到喜欢、从不热爱到热爱、从不感兴趣到感兴趣。在这个过程中，发挥学生的主观能动性尤为重要，那么学生的主观能动性应该如何激发呢？

教学活动可以分成两个主要部分：知识的传递和情感的交流。从 DISC 的角度来看，知识的传递是对事，情感的交流是对人。要同时兼顾知识的传递和情感的交流，就需要用 D 型特质明确目标，用 I 型特质调动课堂气氛、做出有效评价，用 S 型特质关注不同个体，用 C 型特质分析原因、找出方法。

下面我们调用 C 型特质分析课堂教学的现状及其低效的原因。通常情况下，课堂教学的“低效”主要是由教师的“教”与学生的“学”两方不和谐造成的。

## 1 “教”的问题

教师的“教”需要教师在了解自我特质的基础上，从自身的角度对教学方式和教学关系进行调适和完善。

### 1 D 型特质的教师

受传统应试教育观念的深远影响，D 型特质的教师容易重结论、轻过程，把形成结论的生动过程变成单调呆板的机械记忆和模仿练习，使死记硬背和机械训练成为教学活动的重要表现形式。这种教学方式使学生缺乏对知识的体验、思考和探究，体会不到通过思考完成任务的成就感，学习兴趣大大减弱，智慧和天性受到扼杀，个性发展受到摧残，难以形成创新思维，从而严重影响了学生的全面发展。

### 2 I 型特质的教师

I 型特质的教师往往不分析教材的编写意图，随意更换内容，总想迎合新课程倡导的“自主探究、合作交流、师生互动”的教学方式与课改理念。他们一味“鼓励”学生探究、合作、交流，课堂虽然看上去气氛活跃，但实际上学生的学习漫无边际，课后一知半解，有的学生甚至不知道本节课的所学内容，最终造成整个课堂教学的低效。

### 3 S 型特质的教师

S 型特质的教师严格遵循教材实施教学，上课循规蹈矩，不敢使用更新颖有效的教学形式，害怕教学方式的改变给学生的学习带来困难。课堂上教师只负责讲，而学生只负责听，课堂气氛沉闷。

### 4 C 型特质的教师

C 型特质的教师十分重视对知识点的深究，但往往缺乏对学生知识体系的方法指导和能力培养，缺乏对学生基础和能力的关注，从而忽视学生的兴趣培养和师生之间的情感交流，导致“教”与“学”不协调。

## 2 “学”的问题

学生的“学”需要教师了解学生的特质，识别学生的优势和劣势，从而针对不同特质的学生做出正确的引导和教育。

### ① D 型特质的学生

D 型特质的学生不重视好的学习习惯的养成，不了解知识的来龙去脉，只注重结果，死记结论，甚至例题的解答。他们如果上课没能专心听讲，遗漏要点或要点掌握不全面，课后不能及时巩固、总结，解题时就容易乱套题型。由于学习过程中缺乏积极思维，遇到难题不自主思考，寄希望于老师讲解，得到解题过程后不对知识点进行思考、整理和消化，就容易在“越学越吃力，越吃力越不想学”中恶性循环，甚至厌恶学习或放弃学习。

### ② I 型特质的学生

I 型特质的学生容易轻视基本知识、基本技能和基本方法的学习与训练，经常知道怎么做题，但不会认真巩固，对可以显示自己“水平”的难题很感兴趣，好高骛远，重“量”轻“质”，在日常作业或考试过程中容易出现演算出错或临时忘记解答方式的情况。

### ③ S 型特质的学生

S 型特质的学生学习主动性比较差，十分依赖老师，对学习没有自己的想法，难以找出真正正确且适合自己的学习方法，听课效率很低。

### ④ C 型特质的学生

C 型特质的学生注重细节，遵循高标准，属于完美主义者。做题喜欢深究细节，容易钻“死胡同”。

## 运用 DISC 构建高效课堂

DISC 可以用来提升对人的敏感度，完善我们做事的流程和关系，当然也可以帮助教师更好地理解并教育学生。从教师的角度来看，运用 DISC 构建高效课堂主要包括以下内容。

调用 D 型特质：确立明晰的课堂目标。

调用 I 型特质：营造有趣的课堂氛围。

调用 S 型特质：全面了解学生的、细致地现状，提供客观的学生评价。

调用 C 型特质：建立稳固的课堂规则，充分把握课堂时间。

### 1 调用 D 型特质

确立明晰的课堂目标主要表现在两个方面：一是“你为什么在这里，你的教学目标是什么？”当教师走进教室，就应该确切地知道自己的教学目标，能让学生在离开课堂后可以从课前的一无所知变成课后的胸有成竹。二是“你为什么要这样做？你怎样达到你的教学目标？”即明确了希望学生达到的目标后，再思考使用什么决策促进学生达到目标。

## ❷ 调用 I 型特质

营造有趣的课堂氛围，包括用有趣的方式、有趣的语言，借助有趣的载体，做有趣的人。比如用引人入胜的导入，唤醒学生的求知欲，激发他们的学习兴趣。讲课前让学生听一听与课程有关的录音或音乐、讲一个与课程有关的小故事、展开一段与课程相关的对话，或利用视频短片导入等。用更贴近学生表达和习惯的方式，激发学生的学习兴趣和学习动机，从而提高课堂效率。

## ❸ 调用 S 型特质

调用 S 型特质全面了解学生的现状；包括学生原有的知识水平、学生当下的心理需求等。只有在了解的基础上，教师才能做出正确的引导和决策，实现高效的教学效果。

当每一位学生都坚信他们对于维持与发展温暖的、支持性的课堂负有责任调用 S 型特质创设全员的参与形式，这样的课堂才是接纳的、积极的课堂。全员参与形式主要包括两种。一种是小组讨论，合作探究；另一种是恰当提问。

### 1 小组讨论

合作是一种比知识更重要的能力，课堂开展小组合作学习，有利于师生之间、学生之间的情感沟通和信息交流，有利于鼓励学生从不同的角度去观察和思考问题，发展思维的发散性、求异性。在划分小组时，可以把学生按 4 种不同的特质进行划分，把 4 种特质的学生均衡地分布在各个小组：让 D 型特质的学生做小组长分配任务，让 I 型特质的学生发表观点，让 S 型特质的学生做记录，让 C 型特质的学生分析总结。

### 2 恰当提问

① 给每种特质学生被提问的机会。尤其注意的是，C 型特质的学生往往在课堂上不爱发言。

② 认可学生的发言。帮助 S 型特质学生认识课堂发言的价值，树立信心，即使回答错误，也可以激发其他同学的进一步思考。

③ 针对 C 型特质学生“慢”“想”的特性，预留等待时间。

留给学生 3 秒钟的时间。

学生回答的内容会增加。

学生将运用更多的证据支持他们的答案。

学生将回答更多的问题。

学生之间对各自的想法将会进行充分的讨论。

学生回答不出问题的现象将会减少。

学生自愿参加课堂活动的现象将会增多。

教师用以维持纪律的时间将会减少。

④ 避免 I 型特质的学生过度活跃。

⑤ 照顾各个特质的学生。让没有回答过问题的学生举手，并从中选择，或随机提问。调用 S 型特质提供有效的积极反馈。根据不同特质给予不同的、有效的赞美鼓励，如：

对 D 型特质学生说："你在保证正确率的前提下，还提高了做题速度，真不错！"

对 I 型特质学生说："看到你上课一动不动地认真学习，我感到非常高兴。"

对 S 型特质学生说："看到你进入教室后能拿出课本，静静地坐在座位上等着我上课真是太好了，你真棒！"

对 C 型特质学生说："你考虑得真全面，如果能更快地举手回答问题就更棒了！"

## 4 调用 C 型特质

应用 C 型特质严谨、稳健、高标准的特点，十分有利于建立良好的教学规则和教学秩序，从而取得更好的教学效果。

### 1 建立稳固的课堂规则

课堂规则不一定要多，但务必明确，且正面陈述。如：坐姿端正；未经他人许可，不可擅动别人东西；上课前确保备齐课本和其他学习用品；准时到教室；按时完成并上交作业；尊重其他人的权利等。

### 2 充分把握课堂时间

充分把握课堂时间可以实现课堂教学效率的最大化，主要表现在以下几个方面：延迟处理；准时上课；按时下课；备课充分等。

### 3 细化流程

细化流程可以让课堂教学更加有条理性，让教师对课程的把控更加游刃有余，比如：

0~5 分钟：列出本节课的教学目标，并在全班进行讨论。

5~10 分钟：和学生一起研究相关的教学资源。

10~20 分钟：让学生分小组学习。

20~30 分钟：讨论学生的小组学习成果。

30~35 分钟：完成一个简短的书面作业。

35~40 分钟：讨论本节课教学目标的完成情况。

DISC 可以为高效课堂的构建提供助力，对于教师而言，针对教材进行备课是对事，需要同时调用 D 型特质和 C 型特质，保证课程目标的规划性。针对学生进行备课则是对人，应该注重调动 I 型特质和 S 型特质，以合作探究的方式营造师生间的情感流动，关注学生的体验和感受。

# 三 DISC 促进和谐师生关系



DISC 根据人的行为风格将其划分为 4 种不同的类型，以任务为导向且表现直接的行为是 D 型特质，以人际为导向且表现直接的行为是 I 型特质，以人际为导向且表现间接的行为是 S 型特质，以任务为导向且表现间接的行为是 C 型特质。

我们每一个人的行为表现都由这 4 种特质所组成，灵活运用 DISC 这个工具，可以帮助我们更加了解自己和理解他人。在课堂上，不同特质的教师也可以根据不同特质的学生的特点，选择合适的方法与之和谐相处，从而提高学生的学习兴趣，构建高效课堂。

## 与 D 型特质学生的和谐相处

**D 型特质学生的特点：**

（1）有主见。

（2）喜欢按自己的方式做事。

（3）不容易听别人的意见。

（4）说话直接，不易控制自己的情绪。

（5）意志坚定。

（6）对立性强。

**与 D 型特质学生和谐相处：**

D 型特质教师在与 D 型特质学生相处时，不要用权威性挑战 D 型特质学生的叛逆。在处理 D 型特质学生课堂突发事件时，不要不问原因一味指责，不要强制 D 型特质学生按自己的方式做事。尝试让 D 型特质学生学习责任，并对他的责任感给予肯定。

I 型教师在与 D 特质型学生相处时，要学会耐心倾听，同时给予 D 特质型学生积极肯定。

S 型特质教师在与 D 型特质学生相处时，不要指责 D 型特质学生做事粗心，缺乏耐心，应该多了解 D 型特质学生的想法，调动其课堂积极性。

C 型特质教师在与 D 型特质学生相处时，不要过度要求 D 型特质学生，不要质疑其能力。可以为 D 型特质学生设定目标，奖励其不懈奋斗的精神。在课堂互动过程中，应该多给予 D 型特质学生一些协助及思考的时间。

## 与 I 型特质学生的和谐相处

**I 型特质学生的特点：**

（1）重感觉。

（2）对团体的认同与接受很敏感。

（3）不擅长自我管理。

（4）喜欢群体的生活，重朋友，讲义气。

（5）较缺乏耐心，不喜欢别人唠叨，偶尔会不考虑别人的立场。

（6）喜欢创造快乐，表情丰富。

（7）比较容易偶像崇拜。

**与 I 型特质学生和谐相处：**

D 型特质教师在与 I 型特质学生相处时，可以试着给 I 型特质学生表达的机会和权力。多设计一些有趣的课堂活动，让 I 型特质学生在“玩”中学习。

I 型特质教师在与 I 型特质学生相处时，应该耐心倾听 I 型特质学生的回答，并给予足够的关注和积极肯定的评价。

S 型特质教师在与 I 型特质学生相处时，应该尊重 I 型特质学生的意见和选择，赞赏其对别人的贴心。包容 I 型特质学生天马行空的想法，正面面对他们的要求，正确处理他们当下的情绪。

C 型特质教师在与 I 型特质学生相处时，应该容忍和正视 I 型特质学生容易缺乏耐心和定力的缺点，训练他们的思维和推理能力，引导他们透过一些方法找到学习的乐趣。

## 与 S 型特质学生的和谐相处

**S 型特质学生的特点：**

（1）很有耐心。

（2）很听话。

（3）不容易表达自己内心的感觉。

（4）很重视团队荣誉。

（5）热爱学校和班集体。

（6）不喜欢争执，会顺从团体的意见。

（7）很尊重人。

（8）自信心不够，害怕得罪人或伤害人。

**与 S 型特质学生和谐相处：**

D型特质教师在与S型特质学生相处时，应该与S型特质学生建立沟通管道，培养他们达成目标的信心，让他们能够自由地表达意见。

I 型特质教师在与 S 型特质学生相处时，可以让 S 型特质学生多做决定，培养其决断力，鼓励其分享自己的建议和感觉。

S 型特质教师在与 S 型特质学生相处时，应该鼓励 S 型特质学生表达自己的想法，培养其独立性。

C 型特质教师在与 S 型特质学生相处时，应该主动关心、赞美他们，不要过于严厉地指责，不要求尽善尽美，培养他们的自信心。

## 与 C 型特质学生的和谐相处

**C 型特质学生的特点：**

（1）作业会按时写完，而且乐于遵守规定。

（2）慢工出细活。

（3）喜欢按照自己的顺序学习，有自己的步调。

（4）作业很干净、整齐、冷静、理性。

（5）对自己及别人的要求较高。

（6）爱干净。

（7）会是一个很好的小助手。

**与 C 型特质学生和谐相处：**

D 型特质教师在与 C 型特质学生相处时，应该放低期许，觉察 C 型特质学生的进步，以逻辑性的方式与 C 型特质学生沟通。

I 型特质教师在与 C 型特质学生相处时，应该肯定 C 型特质学生的细心，对他们要有清晰的要求和规定。

S 型特质教师在与 C 型特质学生相处时，应该充分理解 C 型特质学生的缜密，并鼓励他们积极参与小组活动。

C 型特质教师在与 C 型特质学生相处时，应该尊重彼此做事的方法，不必太执着于课堂的原则与规矩。

## 四 DISC 教学风格调适

了解了自己和他人的行为风格和个人特质，就可以在面对不同的人、不同的环境时进行适当的调适，从而获得人或环境给予的更好反馈。对于教师也一样，不同特质的教师可以根据学生的特质和自我教学风格进行调适。

**D 型特质教师教学风格调适**

高 D 型特质的教师一般只会关注成绩好的学生，比较容易给学生贴标签。对成绩偏弱的 S 型特质的学生往往会给予指责、批评，容易让 S 型特质的学生失去学习的信心和兴趣，因此高 D 型特质的教师务必要培养自己的换位思考能力和同理心，知道每位学生的不同，给予 S 型特质的学生更多鼓励和认可。

高 D 型特质的教师应该用尊重的态度、倾听的姿态、信任的情感、共情的方法建设和谐的师生关系。

美国教育家季洛特说：“教师的工作不仅仅是知识的传授，更重要的是处理好复杂的人际关系。作为教师，必须要重视与学生的关系，要能懂得每个学生的心。学生并不关心你知道多少，直到他们知道你正在关注着他们。”

**I 型特质教师教学风格调适**

高 I 型特质的教师在讲课时容易发散得太远，因此要避免课堂太过随性，把握充分的课堂时间。高 I 型特质的教师需要尝试表达真实的自我情绪，批评问题，而不是批评人，学会维护学生的自信与自尊，用正面的鼓励激励他们的学习动机。

**S 型特质教师教学风格调适**

高 S 型特质的教师经常为学生设想，在进行批评或评价时，喜欢处于中立位置，害怕损伤学生的自尊心，所以需要把握批评的程度，尽量提供客观的学生评价以促进学生的进步。同时高 S 型特质教师的课堂气氛会稍显沉闷，建议以学生为中心，提供更多与学生互动的时间和有效问题。

**C 型特质教师教学风格调适**

高 C 型特质的教师擅长分析、重思考、重细节、高标准，是一个完美主义者。高 C 型特质教师的授课过程通常非常具有条理性，但课堂气氛也会比较沉闷，建议多寻求与学生的积极合作，以学生为中心，提供更多的互动时间。由于高 C 型特质的教师追求完美，所以对学生要求会相当严格，建议尝试着发现学生的其他优点，降低标准，陪学生慢慢进步。

借助 DISC 这样的工具看待周围的人和事，可以让我们不管是在对人还是对事时，都能获得更多感知，让我们得以找出更合适的方法，与工作和生活和谐相处。作为一名教师，能够将 DISC 运用到教学改革中，更能对构建高效课堂起到巨大的作用。

虽然打造教育的生命绿洲需要逐步积累，保证课堂教学的高效也不能一蹴而就，但只要我们懂得调配自己的各项特质，识别和调动学生的各项特质，积极投身于课堂教学改革，一定会收到比较好的效果。教师应多用自己的眼睛观察问题，多用自己的思维分析问题，多用自己的智慧解决问题。多管齐下、共同努力，让学生可以表现课堂、体验课堂、感悟课堂、享受课堂，让课堂充满朝气与活力，那么课堂教学效果也一定能大大提高。

**DISC 经典**

教学活动可以分成知识的传递和情感的交流两个主要部分。知识的传递是对事，情感的交流是对人。只要对事目标清晰、规划合理，对人关注个体、有效评价，构建高效课堂就并非难事。

# Part 5

# 第 5 篇

# 潜能开发　遇见更好的自己

漫漫人生路，吾将上下而求索。一次有效的阅读，一场激情的演讲、一份高回报的策划、一张高大上的海报设计……都是个人能力的拓展、潜能的释放。充实内心、拓展技能，我们能成为更好的自己。

18

# 高效阅读

## —— 一年读书 200 本不是梦

**郭镕恺**

- DISC 国际双证班第 40 期毕业生
- 新媒体写作变现者

关注“郭镕恺”

# 一

# 读书从 0 ~ 200

读万卷书，行万里路。

从书中，我们可以了解到各地风情、增长见识、开阔眼界。在现代社会，人们的物质生活水平得到了提升，对精神文化的需求也开始增加，爱阅读的人越来越多。

然而现代的网络环境将时间变得零散，碎片化阅读的特征越来越明显。很少有人能静下心来完整地阅读一本书，由此造成的后果是很多人很长时间才能读完一本，甚至记不太清书中内容，或者是囫囵吞枣，根本吸收不到知识。因此，如何高效阅读已经成为喜欢读书的人热切关注的话题。

一年读书 200 本很难吗？

不少人看到这个问题都会摇头叹息：“难啊！怎么不难？完全做不到啊！”

确实，对于很多人来说这都不是一件简单的事。尤其是刚结束学业的职场新人，他们读了近 20 年的书，难免不会对阅读产生厌倦，决心让它远离自己的生活与工作。但随着时间的流逝，他们在每日上网和看剧的日子里常常感到空虚、迷茫，有种荒废时光的负罪感，这时候重拾阅读你会发现自己的读书效率大大降低了。

读书慢的主要表现为：阅读速度慢得像蜗牛，内容过目就忘。可能一年下来，读的书不超过 50 本，平均一个星期都读不完一本书。在这样的情况下，怎么可能达到一年读 200 本这样宏大的目标呢？

其实是能做到的。即便你的起点很低，但若能掌握有效的阅读方法，你的阅读数量和质量都能得到很大的提升。让我们跨过“做不到”到“做到”这段遥远的距离，一年读书 200 本将不再是不可能的空谈。

# 二 DISC 高效阅读法

提高阅读效率，你缺乏的是方法和工具模型。DISC 作为一个行为分析的方法论和常用工具，能指导我们的阅读行为，帮助我们实现一年读书量从 0 到 200 的质的飞跃。

DISC 模型是由 4 个英文单词的第一个字母结合而组成的模型，具体为：

D：Dominance，代表支配。

I：Influence，代表影响。

S：Steadiness，代表稳健、持续。

C：Compliance，代表服从、思考。

借助 DISC 理解阅读方法，即“支配”书、“影响”书、“持续”阅读、学会“思考”，由此来塑造我们的阅读态度，引导我们更深层、更快捷地达到我们想要的阅读效果。

## D 型：做书的主人，而不是“仆人”

从 D 型特质出发，我们要做的是“支配”书，做书的主人，而不是“仆人”。

不少人看书时存在这样一个现象：跳过目录和序，直接从正文第一页一直看到最后一页。这是较为常见的阅读习惯，但并不能称为一种好的阅读方式，因为我们一开始阅读时大脑往往比较清醒，但前半部分的内容基本上都不会是全书的精华。等我们读到书的中后段，全书的精华——高潮部分开始出现时，大脑已经变得迟钝起来，吸收效果差，以至于看完一本书后，却什么内容都想不起来。

这时候的自己就成了书的“仆人”，完全被书牵着鼻子走，这是一种比较差的阅读体验，而我们需要做的是成为书真正的主人。

## 1 明确目标指向

明确的阅读目标能帮助我们更好地管理和规划时间，所以在阅读时，我们应该结合自己的实际情况给自己设定一个清楚的目标指向。再在其基础上进行小目标或者步骤的设定，确保大目标的实现。例如，在这里你确定了一年读书 200 本的大目标。现在就需要通过各个小目标的完成来确定这个目标能够达到。

可以分 3 步走：

**第 1 步，将目标进行拆分。**若要达到一年读书 200 本，可以将其拆分为每个月看书 20 本，每个星期看书 4 本，每 2 天读完一本书。

**第 2 步，将目标分类，做“主题阅读”。**确认每个月的读书主题并在一个月内至少读完 15 本跟这个主题相关的书。

**第 3 步，将阅读每本书的目标具体化。**这时候需要先读“目录”和“序”（特别是作者的“自序”，因为一个优秀的作者会在“自序”部分把这本书的核心内容总结出来），再读正文内容，因为“目录”和“序”让你对整本书的逻辑结构有了一定的了解，再阅读正文时大脑中已经形成了一个框架，对正文内容也不会一无所知，阅读目标的答案相关信息也会获取得更快。

拿《精进》这本书作为例子，可以先给自己列超过 10 个的阅读目标。因为这本书的副标题是“如何成为一个很厉害的人”，那么你的其中一个目标可以是“在这本书中找到成为一个很厉害的人的方法”。

于是，在阅读的时候，通过对“目录”“序”和正文的阅读，你很快就找到了下面的答案。

成为一个很厉害的人，需要做好 7 个维度，分别是：

（1）时间管理

（2）正确选择

（3）即时行动

（4）深度学习

（5）修炼思维

（6）核心才能

（7）定义成功

正因为在阅读《精进》之前，你已经有了明确的目标，所以你在看这本书的时候就不会再像以前那样眉毛胡子一把抓，而是可以通过一条条阅读目标的对照完成，快速掌握文章内容。

### 2 善用结果导向

结果导向就是以输出得到的反馈来判定自己读书的效果。你向他人分享某些知识或经验，别人给予了很多正面反馈，这说明你的分享是很到位的，而且还能增强自身的阅读动力与信心。

举个例子，假如你做了“如何高效读书”的分享，不少人给予你很多的正面反馈，如：该分享帮助她解决了看完书就忘的问题；让她领悟到阅读要做目标管理，达到所期望的目标，才能更快地成长；让他们了解到可以通过写感想、写日记、写书评，以及和同事、朋友等分享读书的收获，这样的输出是最好的学习方式。

这些正面反馈能给你带来更多的信心，让你更有动力去看书，争取给大家分享更多有价值的内容。

“教是最好的学”，通过分享教会别人知识，反过来也在不断提升你自己的认知深度，你可能就会觉得越分享、越快乐。这就是以结果为导向的阅读方式。当读书时能做到“目标指向”和“结果导向”，你会发现自己的阅读正变得越来越高效。

## I 型：让书变得更有价值

很多时候，一本书有没有价值，取决于你是否阅读或是深入阅读。比如，如果你没有看过四大名著，那么它们对我们来说，就是毫无价值的。只有当我们不断去阅读它们、不断去深入了解并应用里面的知识，我们才有可能真正享有四大名著的价值。

由此，我们可以得出一个结论：书本身对于我们来说毫无价值，只有在我们阅读并学会应用里面的知识后，才赋予了它价值。

换言之，是我们影响了书，让它变得有价值。

那我们是如何影响书的呢？可以有以下 3 种方法。

## 1 “八卦”读书法

书是否有趣，是由我们决定的。

很多朋友看一本书的时候，觉得书中的内容太复杂、不好理解的时候可以换个角度去读，尽力让这本书变得有趣。

正如大部分女生都喜欢看娱乐八卦杂志一样，当我们引入这种“八卦”思维去看书时，你会增进与作者的亲近感，书也会马上变得精彩起来。

比如，我们可以尝试搜索作者的相关消息，经过全网搜索，你会发现很多信息可以帮助你了解作者甚至帮助你理解这本书的内容。

另外，通过搜索，你可以发现并总结自己和作者的共同点，你会觉得你们之间有点熟络了，书就像你一个朋友，这种情感的加成会让你对作者以及他写的文章产生更多的兴趣，也会更容易理解和接受他的观点。

很多人看书时，并没有去“八卦”一下作者的背景，其实是很可惜的。我们对作者了解得越多，越会加深对其作品的理解。“文如其人”，如果作者是有趣的人，写的文章也很可能有趣；如果作者是无趣的人，写的文章也很可能无趣。当我们用“八卦”思维去阅读时，随时有机会挖出“独家猛料”。

## 2 想象读书法

在阅读的过程中，如果人物关系复杂，牵扯广，那么读者可能会出现思维混乱、记错人物的现象，这时候，我们可以采用想象读书法。

比如，我们阅读名著《红楼梦》的过程中，要想迅速理清人物的复杂关系是很有难度的。遇到这种问题的时候，我们不妨想象自己是里面的一个角色，逐步理清亲缘关系。

当我们运用想象法，将自己代入书中的角色时，你可能会发现书中错综复杂的关系变得清晰了，书也更容易读懂了。

## 3 社交读书法

读书本质上是一种社交，书是我们和作者进行社交对话的一种媒介，作者的作品就是他在跟我们对话时说的内容。

在日常交流中，别人跟我们讲了那么多，我们总不能一直保持“沉默是金”，适当的回复是很有必要的。同理，在阅读这个“社交”过程中，我们可以做出一些反馈。

比如采铜在《精进》的“序”中提到他老家的挂钟慢了，但正因为慢了，反而让他觉得很放松，不再对时间过得快感到焦虑。如果你是在阅读这一部分，你就可以假装采铜是你的朋友，他在跟你讲述这段经历，同时你给出这样的反馈：“以前，我看过很多书上都说成功的人士喜欢将自己手表上的时间调快，比如调快 10 分钟或者 15 分钟。我也有很长一段时间将手表上的时间调快 15 分钟，每次看表时，都会觉得时间过得特别快，这在无形中给了我很大的压力。我有时候会担心表会不会不准，万一表上的时间就是真实的时间该怎么办？整天担心时间不够用，结果我整个人都快变得不正常了。后来，我索性把手表上的时间调回正常的时间，才变回一个正常人。”

当你和采铜进行了类似上面的对话时，你便在不知不觉中参与到书中，仿佛成了里面的一个小角色。这个时候，深入其中的你对书上内容的理解，肯定会比只是被动看作者用理工科思维叙述的文字要深刻得多。

使用社交读书法，在每读一本书时，你都会觉得自己就像和一个老朋友在对话，这种代入情景的阅读能很容易让你与作者和书产生关联、共鸣，拥有愉悦感。你的读书状态改变以后，不仅能增多读书数量，而且还能读得很轻松，即便你是读工具书，可能也会感到别有情趣！





可见，阅读有时候是“一念天堂，一念地狱”。当我们主动去影响书，让书因为我们而产生价值时，我们会心情舒畅，如置“天堂”；当我们被动地等书来影响我们，却往往等不到自己想要的结果，可能书读完后，我们自己没有发生哪怕是一丁点的改变，甚至因为读了太多书起到反作用：越看越焦虑。这时候的阅读感就不那么美妙了，效果也会大打折扣。

如果大家能够掌握有效的阅读方法，将其学以致用，那么读书一定会变成一件很快乐和高效的事。

## S 型：做一个终身提问者

做“终身学习者”当然是一件很棒的事情，不过相对来讲，做一个“终身提问者”比做一个“终身学习者”到更高效地读书。

在阅读的时候，要学会扮演一个“提问者”的角色。因为当你问出一个好的问题时，为了能得到一个好的答案，你会选择对这本书进行深入阅读与剖析，这时，它的价值就能被充分挖掘。

因此，每读一本书，应当至少提出 3 个方面的问题并做出回答，可用 3 个英文单词概括：why、what、how，如图 18-1 所示。具体表述为：

**我为什么想要读这本书？**

**这本书是讲关于哪些内容的？**

**我要如何做才能将这本书最大效益化？**

然后从书中寻找答案并进行总结归纳。

图18-1　3个方面的提问

首先“我为什么想要读这本书”主要是对阅读初衷的一个解释，即你想从这本书中学到什么。这个问题也是这本书价值的一个体现，当你阅读完以后你就能看出这本书对你来说是否具有足够的价值，从而帮助我们去评判一本书。

然后是第二个问题，它是你对这本书的内容概括与总结，能帮助你更好地归纳这本书，理清全文脉络。

最后一个问题是将这本书的效益最大化的方法，这才是真正的学以致用。就以《精进：如何成为一个很厉害的人》这本书为例对第 3 个问题进行解答。

**（1）应用。**就是将书中讲述的知识应用到现实生活中。例如，有人在读了书中的“解码的基本规律”这部分内容后，突然明白了自己发表的文章阅读量低，是因为自己没有按照新媒体写作的基本规律走，没有真正从用户的角度出发，给他们提供实用的内容。转变了观念后，其写作思路开始以“用户的需求”为中心，阅读量一下就上升了，甚至过百万。

**（2）复读。**对一本书反复阅读能帮助你将书读得更透彻，且每读一次，对这本书的认知就会更进一层，在对这本书进行多次分享和举例讲解时也会更顺畅，从而充分发挥该书的价值。

**（3）输出。**在读完一本书后，将自己的收获输出成文章分享给其他人，如果得到嘉奖，你的阅读会更有动力，还会不断去深挖这本书对大家更有帮助和价值的地方。当然，如果有改进意见，对你今后的阅读方法也有所助益。

当你成为一个“终生提问者”，并学会自问自答时，你会发现自己对书中内容的理解越来越透彻，阅读也变得越来越高效！

## C 型：保持“持续”阅读的习惯

要在一年内做到读书 200 本，需要充足的阅读时间。所以，保持一个持续阅读的良好习惯非常重要。但一天只有短短 24 个小时，365 天内我们却想要完成 200 本书的阅读量，那么我们应该如何做才能让“持续”阅读得以实现呢？

## 1 闭关读书

现在人们手机使用得很频繁，即便是阅读过程中，也会时不时地查看手机，这是一个不良的阅读习惯，在这个过程中，人们很容易分心、找不到阅读状态，效率也很低。而“闭关读书”就是为了改变这种低效的阅读方式，给自己一个安静的读书环境，它要求我们远离手机，专心阅读。

这里推荐一个叫“forest”的时间管理 App。这个 App 设计的精妙之处在于：当我们设置了比如 25 分钟的番茄钟并启动后，系统会自动生成一棵小树。我们不能在这段时间里再次滑动手机屏幕，一旦滑动，这颗小树就会枯萎死掉。因为不忍心看到小树枯死，所以很多人会乖乖地远离手机、专心看书，这样操作之后，你会发现自己看书的效率得到明显提高。

## 2 带书出行

由于工作出行、出门游玩等多方面的因素，我们很多时间花费在路上，如果不将这段时间有效利用的话实在是一种浪费，所以带书出行是一种有效的阅读行为，不仅可以打发时间，还有助于我们养成持续阅读的习惯，早日达成一年阅读 200 本书的目标。



## 3 见缝插针

见缝插针就是利用碎片化的时间展开阅读行为，这是互联网时代给我们带来的便利性，比如你一个人在餐馆等上菜、上下班等车或乘车的这段时间，都可以被用于阅读，哪怕是只看书的一页、甚至是一小段都好，你都能够得到因为读书带来的内心富足，享受着这种“见缝插针”的读书微习惯带来的福利。

当你能够养成持续阅读的习惯，那么，一年读 200 本书就不再是遥不可及的梦想。

### DISC 经典

书本身对于我们来说毫无价值，只有在我们阅读并学会应用里面的知识后，才赋予了它价值。

19

# 魅力演讲

## ——善用性格，人人可以燃爆舞台

**李超满**

- DISC 国际双证班第 16 期毕业生
- 中国民营企业家人赛演讲教练
- 2015 年《中国培训》“我是好讲师”大赛“全国最佳人气讲师”

关注“李超满”

# 一

# DISC 性格与演讲





在现代社会，演讲在某种意义上与成功画上了等号，成功人士要会演讲，演讲有助于个人成功。想成为一名优秀的演讲者，最重要的就是有能力燃爆舞台，让观众感受到你的激情与热情。

有些人在演讲上有这样的误区，他们认为声音大、说话利索就是有激情的表现，其实不然。有时候你过度地追求大嗓门和说话的语速反而会让观众觉得你的演讲是在自嗨，并不能让他们听得舒心，你的演讲风格也得不到认可。事实上，一个人的演讲风格与他的性格有很大关系，而通过 DISC 理论，我们能更好地识别你的性格、分析你的演讲风格并提出相应的改变方法。

下面我们根据一个例子来解释 DISC 理论。

通常在参加聚会的时候，我们会留意不同人的行为表现，以此可以看出一个人的性格。有的人一进入会场，就自带气场，让人不由自主对他产生一种敬重感。一旦会场出现突发情况，他会马上跳出来担任起领导者的角色，处理现场突发情况，并给不同的人进行分工安排。这类人擅长带领团队，快速做出决策，在 DISC 行为风格理论上，我们把这种人称之为“指挥者”（Dominance）。

有的人一进来则是忙着和人聊天交际，与各类人都能相谈甚欢，他们开朗主动，是天生的人际社交高手，这类人我们称之为“影响者”（Influence）。

而有的人有可能是陪朋友来的，在聚会上，别人和他说话，他也不怎么插话，大多数时间都是认真地聆听，并不时予以点头。很关注他人的感受，注重人际关系和谐，很耐心且善于聆听。这种性格的人我们称之为“支持者”（Steadiness）。

还有最后一类人，他一进会场，会自己找一个角落坐下来，尽量远离人群，有人来找他聊天或者喝酒的时候，他也是不冷不热的样子。这种社交场合对他来说并不舒服，他会观察：万一这种场合发生危险，如暴乱、火灾、停电等情况，从哪个出口逃生是最安全的。这类人性格谨慎，风险意识强，擅长思考分析，我们称之为“思考者”（Compliance）。

取4种类型性格的英文单词首字母就组合成了DISC，如图19-1所示。那么，性格与演讲到底有什么关系？

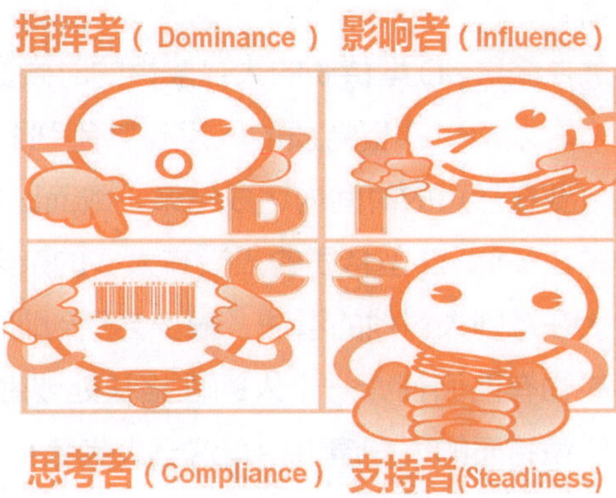

图19-1　DISC理论

通过一些观察可以发现，演讲时说话很快的人一般私下性格会比较急、心直口快，而讲话慢条斯理的人则比较内敛慢热。有些人在演讲的时候比较喜欢开玩笑，在舞台上放得开，一般性格比较开朗。有些人在演讲时比较严谨、注重逻辑，一般私底下性格也比较沉稳。而在舞台上滔滔不绝的人有可能讲话容易发散，带偏话题，讲话缺乏重点，这是他演讲的短板，同时也反映了其性格当中有不关注别人感受、容易以自我为中心的性格局限。也就是说，通过演讲风格能看出你的性格优缺点，而你是什么性格也会有相对应的演讲风格。

## 二
## 运用DISC认清自己的演讲风格

你是哪种性格，你的演讲中就会有该种特质的体现，通过对不同特质的人演讲风格的分析能帮助我们看清自己是哪种人，演讲中有何优劣势，然后扬长避短，寻求进步，最终达到提升自己演讲能力的目的。

## D 型特质演讲风格

D 型特质的人在演讲中有以下五大优势：

**气场强大：**D 型特质的人气场比较强大，有权威感，站在舞台上有种不怒而威、震慑全场的感觉。

**直接果断：**D 型特质的人讲话会直入主题，不会说太多无关紧要、不痛不痒的话。

**关注结果：**D 型特质的人在演讲的时候更看重结果，过程可以简略讲或不讲。

**追求效率：**D 型特质的人没有特别强烈的表达欲望，因为他认为时间更有价值，要在最短的时间内达成结果，故而比较追求效率。

**关注事情：**D 型特质的人没有太多的杂念，所以演讲时一般不怎么紧张，也不会太在意别人对他的看法，很少会受到现场的干扰。

事物有两面性，一个人的性格长处或者演讲的长处有时候也会成为一种短处，D 型特质的人在演讲中有这五大劣势：

**亲和力弱：**D 型特质的人不会刻意去迎合别人，他会认为他讲的都对，听众都应该听他的，甚至有的时候会显得咄咄逼人。

**故事性弱：**D 型特质的人不太善于讲细节，因为他会觉得浪费时间没必要，所以有时候会让人觉得演讲内容干巴巴的。

**忽略过程：**有的时候一件事情的来龙去脉会比结果更精彩。这种故事性能吊起 I 型特质听众的胃口。但 D 型特质演讲者只讲结果不讲过程，对 I 型特质听众而言就缺少吸引力。

**缺乏生动：**D 型特质的人觉得把事情讲清楚、以最快的速度达成目标才是最重要的，所以他的演讲缺少了一些趣味性和幽默感，听起来不生动，难以有代入感和共鸣。

**忽略听众感受：**D 型特质的人沟通重点在于事情，他可能在演讲的时候很少去关注听众的感受、体验或情绪，所以，和听众的互动性就会差一些。

在我们的生活中，有不少是属于 D 型特质的人。如果你在演讲时，觉得自己的气场比较弱，就可以去学习 D 型特质的人的讲话优势，做到果断、直接、坚定。

## I 型特质演讲风格

可以说，I 型特质的人是 DISC 特质里最适合演讲的一种类型，他们在演讲上优势很明显，而且更有天赋。优势有以下 5 点。

**热爱分享：** I 型特质的人就是为舞台而生的，他们无论是在台下还是在台上都喜欢分享，对演讲、说话类事情的热情度很高，而其他 3 种特质的人则难以望其项背。

**思维活跃：** I 型特质的人在语言反应上是很快的，他们思维活跃、观点新颖，经常有一些奇思妙想，在演讲的时候也很容易讲出一些新想法。

**富有激情：** I 型特质的人在演讲的时候会眉飞色舞、手舞足蹈，讲话也会讲究抑扬顿挫，表演欲极强。

**讲故事高手：** I 型特质的人很善于讲故事，即使他们没有经历或者实际参与过，他们也能讲得绘声绘色，让你觉得身临其境。

**喜欢开玩笑：** I 型特质的人天生不喜欢压力，不喜欢冷场，喜欢追求快乐，比较注重活跃气氛。所以在演讲时也比较容易放得下面子，进行自我调侃或者开一些玩笑。

虽然 I 型特质的人演讲的优势明显，但同样也存在以下一些劣势。

**缺乏重点：** I 型特质的人因为太喜欢讲话，所以有时候可能会讲一些和主题无关的内容且不自知，显得啰唆、话密、无重点。

**欠缺条理：** I 型特质的人计划性不强，习惯于临时抱佛脚，演讲很少提前准备，所以演讲内容可能会缺乏逻辑性和条理性。

**容易紧张：** I 型特质的人因为太喜欢舞台，太想在别人面前表现自己，所以会特别担心自己在别人眼中的印象，过于担心就容易焦虑，就会显得紧张。

**为讲而讲：** I 型特质的人会为了讲故事而讲故事，就是希望别人能听自己多讲一点。

**口无遮拦：** 因为 I 型特质的人喜欢开玩笑，所以难免会将玩笑开过头，爆出自己或他人的隐私，也可能会不小心讲错话或者讲话得罪别人。这些是需要特别注意的。

## S 型特质演讲风格

S 型特质的人在演讲中的优势如下。

**随和轻松：**S 型特质的人讲话轻松、娓娓道来、和颜悦色，不会给听众带来什么压力。

**关注听众感受：**S 型特质的人不像 D 型特质的人那样关注事情，他更注重听众的感受，特别会照顾听众，对听众提出的要求也会尽可能地满足。

**避免冲突：**无论是行事还是说话，S 型特质的人都不喜欢和人发生冲突，有冲突会尽可能避免，绝不会和别人对着干。

**心态平和：**S 型特质的人不喜欢和别人争高下，他对结果会看得比较淡，心态非常平和，希望和别人保持一种和谐的人际关系。

**亲和力强：**D 型特质的人会给人带来压迫感，而 S 型特质的人会给人如沐春风的感觉。

S 型的特质是支持、友好、随和，所以在演讲中的劣势也较为明显，主要有以下几点。

**散漫拖沓：**S 型特质的人对很多事情都无所谓，所以在演讲的时候会给人一种懒洋洋的感觉，没有 I 型特质的"嗨"劲、D 型特质的气场，也没有 C 型特质的深思熟虑。

**目标性弱：**S 型特质的人演讲时会觉得那些内容可讲可不讲，演讲对他来说也没那么重要，所以在演讲的时候会被认为目标感不够强。

**缺乏激情：**因为 S 型特质的人的心态太平和、放松了，所以演讲时亢奋的状态在他身上几乎不会出现。

**缺乏气场：**S 型特质的人不喜欢和别人发生冲突，讲究和气，所以演讲时气场不强。

**缺乏控场：**因为 S 型特质的人认为听不听是别人的自由，不必强行干扰，所以演讲时显得控场能力不强。

## C 型特质演讲风格

C 型特质的人在演讲时的优势有以下 4 点。

**逻辑严谨：**4 种性格类型中，C 型特质的人是最爱思考的一类，他在演讲时很注重逻辑，每一句话都要经得起推敲，都要有数据或事实支撑。

**准备充分：**I 型特质的人经常会临时做准备，甚至到场后发现忘了带翻页笔、道具或重要的资料。但 C 型特质的人不同，他会早早就开始做好练习与准备，特别是各种和演讲有关的资料会提早备好，极少出现遗忘资料的情况。

**含蓄沉稳：** C 型特质的人不喜欢把话讲得太直白，因为讲得太直接就少了思考的空间和深度。他喜欢暗示和引导，会思考很长时间才表达出来，所以让人感觉说话沉稳、有深度。

**高风险意识：** C 型特质的人不会随随便便和别人开玩笑，不会轻易说自己的心事或者隐私，也不会说别人闲话或者讨论别人，他讲话很少而且用词精准，是在避免被别人抓住把柄，这与他性格中与生俱来的高风险意识有很大关系。

在演讲时 C 型特质的人的劣势有以下 5 点。

**古板严肃：** 因为其注重逻辑和事实依据的原因，C 型特质的人在演讲时难免会让人感觉太严肃，不懂得变通，灵活性不足，容易与听众产生距离感。

**复杂深奥：** C 型特质的人讲话时会用很多专业术语，或者论证太周密，只有 C 型特质的听众才听得懂。

**表现力弱：** C 型特质的人在舞台上会很冷静、很理智，会刻意控制自己的情感，所以表现力不足。

**缺乏互动：** C 型特质的人很少会主动联系一个人，习惯独处，所以在演讲时，他也很少去和听众互动，不懂得活跃气氛。

**保守封闭：** 有些 C 型特质的人在舞台上会小心翼翼，不敢放开自我，讲话有时候会闪烁其词，让听众觉得很难产生共鸣感。

以上就是 DISC 4 种特质演讲者的演讲风格。如果你根据你演讲风格中的优劣点来刻意训练自己的演讲能力，弥补自己的不足之处，那么你的演讲将会越来越有感染力。

## 解决演讲中的短板

每种性格的人在演讲中都有一定的优劣势，我们的优势固然重要，但劣势作为你的短板却很有可能会成为你突破自己的瓶颈。所以每位演讲者都要弄清楚自己演讲上的短板，有意识地去克服和改进，如图 19-2 所示。

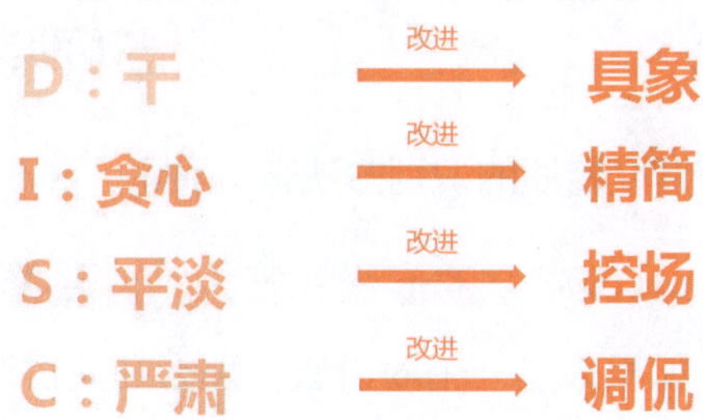


图19-2　每种性格演讲最大的局限与改进方法

D 型特质演讲者最大的问题在于演讲内容比较干，缺乏趣味性与故事性，这点需要向 I 型特质演讲者学习，学会将演讲具象化，还原故事的情景，多讲点细节，这样演讲会更生动，更能引发听众的共鸣。如果 D 型特质演讲者学会讲好故事，再加上气场强大，一定会让听众觉得很震撼。

I 型特质演讲者最大的问题在于想要表达的内容太多又不舍得放弃一部分内容，所以让人觉得演讲无重点。但他的演讲天赋很强，只要学会精简，聚焦目标，学习 C 型特质演讲者的逻辑条理和 D 型特质演讲者的目标导向，那他一定能燃爆舞台。

对于 S 型特质演讲者来说，最重要的是提升自己演讲的目标感，学会控场，这点可以多向 D 型特质演讲者学习。

而对于 C 型特质演讲者来说，要做的是学会放开、放轻松，别太严肃，可以向 I 型特质演讲者学习一些开玩笑的技巧，让自己看起来没那么认真，听众也就不会觉得闷。

只要你能极致地发挥出你性格和演讲风格的优势，控制和改善演讲的短板，那么你的演讲就会越来越完美。





# 三 搞定不同 DISC 特质的听众

作为一名合格的演讲者，一定要考虑你的听众是谁，什么话题或内容才是他们感兴趣而且需要的，以便充分调动演讲氛围。不同特质的听众想听的内容都不太一样。所以，演讲者要学会判定听众的特质，及时做出演讲风格的调整。

## 识别不同特质的听众

观众特质的识别方法有 3 种。

### 1 观察听众的穿着和行为

如果你是一个演讲者，那么在演讲开始之前，你可以通过观察听众的穿衣打扮来对听众的特质进行一个初步的判断。

一般来说，D 型特质听众的穿着打扮会比较大气，以显出自己的气场。I 型特质听众穿着大多会比较高调张扬，甚至还会尝试一些另类的风格，如戴白框眼镜、穿破洞裤等。S 型特质听众对穿着没有太多要求，他们比较追求舒适度。而 C 型特质听众穿着会相对保守或者简洁一点，着装色调会比较单一，他们不喜欢张扬。

除穿衣风格外，还可以观察听众的行为。D 型特质听众在场内会先考虑是否有结交的必要或者看现场是否有他想结交的人，如果有，他也会变得非常主动，上前开聊，直奔主题。I 型特质听众大多一进场都会就忙着和别人打招呼，加好友，大声聊天。S 型特质听众会先安静舒服地待着，如果有陌生人来搭讪，他也会笑脸相迎，愉快聊天。而 C 型特质听众在现场中一般会表现得中规中矩，不主动和别人搭讪，而且表情也没什么变化，甚至不喜欢那些太主动的人。

### ❷ 聆听听众聊天，识别听众性格

实际上，演讲者通过听众现场的聊天、讲话也可以识别出听众的特质。

如果听众话多且无重点，大多是 I 型特质。不苟言笑、逻辑缜密的听众很有可能是 C 型特质。如果听众讲话直接、果断、干脆，极有可能是 D 型特质。总是给别人点头示意赞美的听众很可能是 S 型特质。

### ❸ 用心感受，辨认听众真正的性格特质

一般来说，如果你对一个人主动问好，他回应也很主动，那么他有可能就是 D 型或者 I 型特质的人。而 C 型和 S 型特质的人，你对他再主动，他们也不会热烈地回应，因为 C 型特质的人对陌生人有明显的防备，而 S 型特质的人则是因为懒于应对。

但有些人其实会不自觉地伪装性格，所以不能凭第一次见面就认为你已经全部识别出所有人的性格特质。例如有些 I 型特质的人，到一个陌生的环境之后，他可能会有种不安全感，觉得自己和现场的人还不够熟，于是就少说话，甚至闭口不言，这样你可能会将他误认为是 C 特质，但一旦离开那个他认为不安全的场合，回到他熟悉的环境，他就能回归他的本性，变得活泼爱闹。

所以演讲者要尽可能地去感受一个人的状态、情绪或是喜怒哀乐，这样你才能更了解对方。

## 应对不同特质听众的演讲策略

对于不同的听众有不同的应对方法。

如果你的听众是 D 型特质，就不要讲太多的铺垫，而是要直接切入、开门见山，和他们讲结果、讲好处、讲价值，并在最短的时间内把事情讲清楚，否则，就会被认为是在浪费他们的时间。

如果你的听众是 I 型特质，你就要学会幽默、互动等演讲技巧，激起他们的好奇心，紧紧抓住他们的注意力，比如不断地给他们讲故事等。

如果你的听众是 S 型特质，你就和他讲与人际关系有关或是其他轻松的话题。

如果你的听众是 C 型特质，那么在演讲中就要注意事实、讲究逻辑，要有数据和科学的支撑。

在一个演讲场合中，可能每种特质的人都有，所以，每种特质的听众想听什么，你都要全面考虑，尽可能满足不同人的聆听需求。而少讲废话、幽默风趣、目标感强、有感染力和爆发力、逻辑严密等演讲的特点几乎所有特质的听众都会喜欢。在此基础上适当发挥性格优势，控制自己的性格短板，甚至突破性格局限，你就有机会燃爆舞台，实现演讲上水平的飞跃。

## DISC经典

运用 DISC 认清自己，然后适当发挥性格优势，控制自己的性格短板，甚至突破性格局限，去抓住听众，展现自我，你就有机会燃爆舞台，实现演讲水平的飞跃。

20

# 广告策略

## ——用更简单的广告策略打动更多的用户


**曹飞鹏**

- DISC 国际双证班第 53 期毕业生
- 前百度广告策略 PM
- 量子商学院联合创始人

关注“曹飞鹏”

# 一

# 理清大脑的信息认知方法

当今社会，广告营销是我们生活和工作中一种非常常见的营销手段。以信息的方式呈现，继而被大脑所筛选。每一则广告都是一则信息，但在这个快节奏的社会里，人们并没有足够多的资源和精力去解读看到的每一条信息。作为一个广告人，为了避免自己的广告信息被淘汰，就需要摸清广告的本质，做到以更简单的广告策略打动尽可能多的用户。



如果想要广告被人们有效接收，就需要先弄清楚人脑认知信息的基础逻辑和方法。我们生活的环境，本质上是信息流的集合，而且是信息严重负载的信息流环境。你每天见到的人，他们各异的发型、身高、着装，以及谈论的话语等，都是一种信息；你每天接触的物品，包括物品的各类差异等，也是信息。

由于人类每天接触的信息是十分庞大的，大脑不可能有足够的认知资源把每一个信息都进行解读，所以我们的潜意识就会自动过滤掉那些你可能不需要关注的信息，留下有价值的信息，从而才会发生阅读、被理解的过程，到最后，甚至会产生诸如转发、分享、购买的行为。

以刷朋友圈这件事为例，留心观察会发现：刷朋友圈信息时，认知会经历这样 4 个阶段：**浏览—注意—悬停—点击。**

你在用手快速划过屏幕时，很多信息在你眼前飞过，这个时候你虽然看到了这些信息，但你并没有利用大脑里面对文字及图片的识别系统对它进行理解和解读，也就是说你实际并没有接收到它想传递给你的到底是什么样的信息。

这种状态叫“浏览”，它就是大脑首先进行的筛选。

然后，在浏览过程中，你注意到了某条信息，觉得它有让你想要进一步详细了解的欲望之后，你就会停下来，点击开始阅读。这时候，一个信息才被真正接收到了。

根据调查表明，在人们刷朋友圈或者看各种新媒体推送时，85% 以上的信息内容没有被触达。可能只是看到了这则信息的标题，但其实并不知道里面传达的详细内容。换句话说，大部分时间里，这些信息只是在眼前划过，而大脑中的认知系统却根本没有去接受它想要传递的信息。这样的“看”，其实对于信息推送者来说是致命伤，因为他要传递的信息并没有传递到位，而在“浏览”这个环节就被大脑自动筛选掉了。

现在就出现了一个重要问题：你费尽心思想传递的信息无法准确到达受众，而被认为是无用的信息过滤了。

要解决这个问题，就需要在为产品做推广或写文案时注意信息的表述（特别是标题和摘要，推送到受众面前的一般都是文章的这两部分），帮助它逃过目标用户大脑潜意识的“筛选”，而让该信息顺利地引起目标用户的注意，让他们感受到进行深入了解的必要。

既然如此，如何让制作的广告逃过受众的“自动筛选”呢？

我们都知道，广告本身其实也是一种信息产品。所以要想让广告得到有效的传播甚至是打动客户，把它当作一个需要引起用户注意的信息，帮助它逃过用户大脑潜意识的筛选是一个必要过程。在这个过程中，我们需要明白广告的本质。

## 二 认识广告的本质

广告的本质是注意力商人，即先吸引注意力，再将注意力卖给商人。

广告商是不断通过生产各种各样的内容来“收购”人的注意力，再把这些注意力分发出去。在最初的时候，他们是通过生产新闻印成报纸来吸引人们的注意力，然后在上面印广告，把广告卖给商家，来形成这样一个广告产业。到后来，广告的形式和行业发展就变得更加成熟、丰富，报纸、书籍、杂志、电视、广播、互联网等都成了时代内承载广告的媒体，但广告在本质上依旧是注意力的转卖。

通过这一点大家就可以逐渐理解，对于广告来说，关键的一个指标是你的广告能有什么样的效率来吸引或者收割人们的注意力。

为了提高广告的吸引力，可以多借鉴和使用他人使用的方法。比如在看各种各样的广告时，你却被某一条广告所吸引，不妨问问自己：你的注意力是通过怎样的形式或者是被什么样的内容吸引过去的？这种可以吸引自己注意力的东西能不能提取出来用到自己的产品上？如何用到自己的产品上更有效率地吸引人的注意力？当你养成这样的思考习惯后，就会对后期生产广告物料提供很大的帮助。

这里可以介绍一个检测广告吸引力的小技巧，如图 20-1 所示。当你生成你的广告文案标题或是图片之后，将它放在九宫格最中间的那个位置，让你的朋友们选择他们最感兴趣的内容，如果有很多人点击了你的广告，则基本证明了你的这条信息已经顺利地逃过了筛选，触达了受众。

图20-1　检测广告吸引力的小技巧



## 三 掌握高转化的广告策略

既然广告的本质在于注意力的转卖，那么为了信息能够逃出筛选，被大脑所关注，我们在制作一条广告时就要从拉动用户的注意力入手。结合有关 DISC

的方法论，我们可以通过一些简单的广告策略来实现这一目标。

## 与用户有关或制造反差

假设有这样一个场景：你身处闹市，你的身边充斥着各种各样的信息，数量繁多的广告牌、嘈杂的音乐或车流声、拥挤的人群，而这些人可能来自不同的地方，说着不同的语言，谈论的话题也各不相同。面对这样海量的信息，人的大脑潜意识地就开始了筛选工作。那么当你置身这样的环境时，什么样的信息足够引起你的注意呢？

答案可能有两种，一种是有人惊呼着火了，这样的声音你肯定会第一时间捕捉，因为你的生命可能受到了威胁；还有一种是与你有关，可能满足你某种需求的东西，比如有商家用喇叭播报某产品的打折优惠消息，而这正是你所需要的。所以如果某产品信息是你近期想要了解的，那么你可能就会不由自主地去关注它，即便没有语言或是什么其他外在的事物来传递这样一个信息，你也会去主动搜寻。

一般情况下，人们所关注的消息必定是与生存和繁衍挂钩的。一个广告，越满足目标用户自身发展的需求，越能勾起他们的点击欲和阅读欲，才会有越多的人看到你最后想传递的信息。下面以网上的一些爆款文案的标题为例来说明，如图 20-2 所示。

| | |
|---|---|
| 《职场上除了工资，更应该关注能力的提升》 | 《工资是职场最大的陷阱》 |
| 《做头等舱和经济舱差距，除了钱，更多的是时间的价值》 | 《你与头等舱的距离，差的不只是钱》 |
| 《不要和弱势的人讲道理》 | 《你弱你有理啊》 |
| 《我们应该不断努力过上自己想过的生活》 | 《对不起，我只想过1%的生活》 |
| 《知道这三种成本你会更好的实现自我》 | 《三种成本，决定你是一无所有，还是财务自由》 |

图20-2　软文标题优化前后对比

在图 20-2 中，左边是原本的标题，右边是优化之后的标题，这两种标题在本质上讲的都是一件事，甚至左边标题对于文章内容的表达还更加精准，但是其点击率却低于右边，究其原因其实是在于右边的标题内容更容易唤起用户的需求，准确来讲是唤起了用户了解详情的需求，让他们有欲望去看。按刚才的理论讲，这种需求的驱使更能帮助信息逃过大脑潜意识里面的深层机制，让用户产生“有必要看一下，不看可能会错过什么”的想法。

由此可以得出一个结论，如果你传递出的信息想要被人关注，并且产生想要详细去了解的欲望，要么与用户相关，要么制造反差。

根据这种观点可以制造一个坐标轴，以是否颠覆往常认知、与生存繁衍有无关联建立横纵坐标，能帮助你生成一些让你“不看就难受”的标题。图 20-3 所示就是一些标题的举例图示。

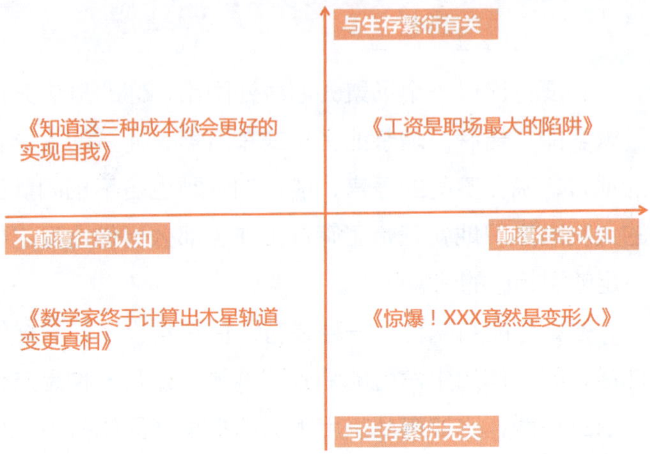


图20-3　标题生成器

在这两个维度中，优秀的广告文案一定是在第一象限，因为它既制造了反差，也与目标用户的生存繁衍有关，更能吸引用户的注意。

## 影响用户消费决策

广告最终都是导向消费，那么了解用户的消费决策过程，影响其消费决策也是一种有效的广告策略。

### 1 了解用户消费决策的过程

人们在购买一件物品时，首先是产生购买需求，然后可能会去网上搜索，再进行来回比较，比较产品的价格、款式、功能特点、品牌，等等。在这个过程中，人们可能会有价格等方面的犹豫，但如果商家刚好有优惠活动或是他自己能克服价格压力，大多数人就会选择购买，这时，一个完整的消费过程就完成了。

在刚刚的过程当中，消费者经历了如图 20-4 所示的 5 个步骤。只有知道了经历哪几个步骤，我们才能针对不同步骤去实行有效的策略。

图20-4　消费决策的5个步骤

在不同的消费阶段，我们有不一样的策略和说辞，因为因地制宜才会有尽可能好的效果。如果一个消费者在价钱上犹豫，那么你提供给他一张优惠券就很容易促成他的购买行为。但如果某个消费者根本没有产生需求，那么即便你提供给他一张大额的优惠券，可能他也很难会购买，因为他根本就不需要这个东西。这也是很多商家经常走入的误区。有些商家纳闷自己的产品好、还降了价，却没有人购买，这是什么原因？其实就是因为用户还没有产生购买需求，这样自然就难有消费行为。而广告，就是要创造需求，以此影响用户的消费决策。

## ❷ 针对不同阶段的人群需求采取相应的措施

如图 20-5 所示讲述的就是处在不同阶段的消费者，我们该如何定义以及我们可以采取怎样的广告策略去唤起他们的需求。

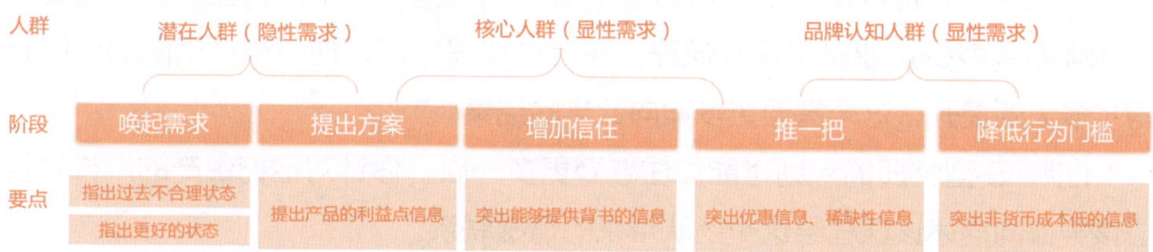


图20-5 针对不同阶段消费人群的广告策略

对于没有需求的消费者，首先需要唤起他的需求。唤起的方式有很多种，相应广告的形式也有很多种。然而这里广告策略的核心是指出消费者过去生活中有不合理的地方，通过这样的方式能让你的信息被消费者注意到，逃过他们大脑的筛选，然后告诉他只有用你的产品，才能解决这个问题。

对于处在搜索解决方案和评估解决方案的消费者而言，我们广告人应该做的就是提出方案，最好是你已经帮他比较过的优势方案。因为消费者本身在这个过程中是在不同方案中相互比较的。比如可以帮他列个表，一目了然，让他来选择等，其实很多商家的宝贝详情而就是这么做的。

到了后来的阶段，我们则需要考虑不同读者的需求，提供有力的产品背书（产品背书指能帮助建立消费者信任的事物，如借助权威专家、媒体、机构、代言人、名人顾客等进行宣传或展示安全测试，从而提升用户对产品信任感的这些产品信息）解决信任问题，突出我们的产品卖点，发放降低初次消费行为门槛的优惠券等来推消费者一把，让他买单。

只有当你分清楚你的消费者处在什么样的阶段，你才能根据阶段来使用不同的策略，做到“看人下菜碟”。只有这样，才能最大限度地做到资源利用，换句话说就是科学地提升转化率。

## 不同 DISC 特质确定广告偏好

DISC 是研究人行为风格的一种方法论，也是对人类行为动机的一套分析系统。不同属性的人，其心理动机以及消费决策的速度和程度是不一样的，如果我们的目标用户主要是 C 型特质的人，那么我们生产广告物料的时候，就会考虑广告更多的是要偏重于用数据的方式展现品牌背书，而不是将更多的精力放在感人的品牌故事上。因为不同 DISC 特质的人，对于一样的广告物料的感觉是不一样的。

对于 D 型、C 型特质的人来说，他们可能更关注结果。假设你要卖一套职场培训的课程，那么可能在针对 D 型、C 型特质消费者的广告里面，你需要更多地强调有多少企业买了这套课程，在上过课程之后，他们整个团队的业绩获得了多大的提升，这个需要更多偏向数字的结果。

I 型、S 型特质的人则可能关注感受更多一点，你针对他们生产的广告物料应该更偏向描述该课程给这个团队带来的情感联系。

如果你能够通过某些数据了解到你的目标用户，那么你就可以通过 DISC 对目标用户进行分类，找出他们更感兴趣的内容。

DISC 本质上是对于人行为的观察和分类系统。既然有分类，那么就可以说明是有相似的行为决策特征可以被归纳总结出来的。如果一个人行为的决策偏好都可以用感性和理性来进行度量，那么广告基础元素的内容和表达形式同样也可以用感性和理性来进行度量，从而对不同类型的用户展现不同的风格偏好。

根据 DISC 方法论，我们可以将广告按图 20-6 做一个分类，横轴是广告

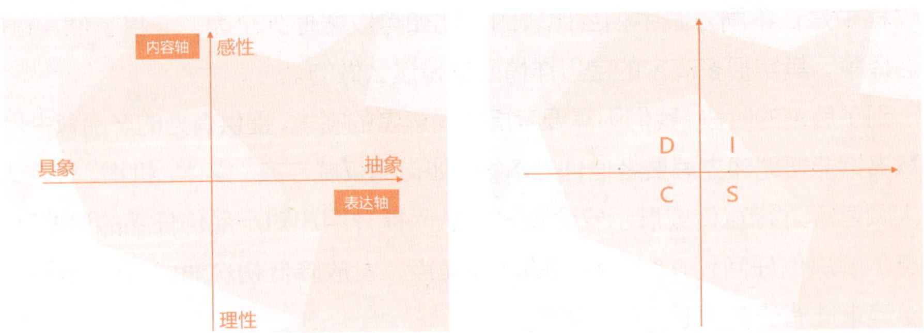


图20-6　不同DISC特质用户的风格偏好

的表达形式，纵轴是广告的内容。内容和表达形式都可以分为感性和理性两个部分，由此产生 4 个象限，我们可以将日常看到的优秀广告按这个分类逻辑进行梳理。而不同 DISC 特质人的广告偏好则可以与该坐标轴一一对应，我们可以据此定制要推出的广告所应展示的风格类型。

在这个 DISC 象限中，我们可以发现，对于 DISC4 种特质的人来说，每个人对于广告内容本身和表达形式上关于感性、理性的爱好是不一样的。

举个例子，C 型特质人在广告内容形式和表达形式上都更偏向理性，所以相比展示给他各种令人感动的品牌故事、各种美好的使用场景，不如给他产品实际的优质数据更有效果。

而 I 型特质的人对于广告内容形式和表达形式上都更偏向感性，所以你给他讲产品的功能和优势，倒不如给他讲一个动人的品牌故事、看一个美丽精致的产品图片来得更有效果。

当对用户有了初步了解，或者说知道投放的目标用户类型后，就可以用这套系统进行匹配，帮助你生成更受用户偏爱的广告。但需要注意的是，像这样的标签体系不可能是完美无缺的，刚开始它可能也会有不准确的地方。一个优秀的广告也不是一蹴而就的，需要你经过不断测试与调整。但是这套应用 DISC 的广告分类系统会在很大限度上帮助你在很短的时间内用更简单的策略打动尽可能多的用户，让你的广告能够更轻易地吸引目标用户的目光，得到更高的转化效果。



DISC 经典

对于广告来说，能有效吸引人的注意力非常重要，正因为如此，它才能逃过大脑的筛选，触达受众。

21

# 海报设计

## ——高大上的海报是这样做的

**王广**

- DISC 国际双证班第 47 期毕业生
- 新媒体大学设计总监

关注“王广”

# 一 设计是什么

在互联网时代，各行各业对设计的需求也越来越多。

做电商的，想要学点 banner[1] 设计，让自己的产品看起来更吸引人一点。

做运营的，想要学点营销海报的设计，推广自己的品牌。

普通求职的，想要学点设计让自己的简历或者汇报的 PPT 更加专业。

做培训的各位老师、大咖，在做分享和线上课程的时候，也都需要设计一些海报来吸引更多的客户。

虽然设计需求增加了，但很多人对于设计都是不得其门而入，尤其是非设计专业的人。自己不擅长，开口请朋友做不太好意思；花钱请个设计师，对于个人或是小团队又可能没什么必要。合适的人不好找，即使找到，做出来的结果可能还不是自己想要的。

因此，如果你自己能学习设计，仅仅掌握一些简单的设计技巧，就会帮你解决很多麻烦。

那么设计，到底是什么？

很多人对设计都有一个误解，常常将设计与天赋或灵感混为一谈，将它当作是一种艺术。实际上，设计与艺术有着本质上的区别。艺术大部分是在表达自己，而设计是面向大部分人的，旨在表达并解决别人的需求。

艺术就像是抽象派的画，表达了艺术家们的思想，但并不是谁都能看懂。

1 横幅广告。

设计则不然，它是遇山开路、遇水搭桥，需要确定目标，通过一些比较科学、行之有效的方法去满足人们的需求或解决问题。

假设有这样一种情景：有十几家公司都在生产同一种产品，工业革命以后，生产效率增加，很多产品供大于求，为了增加销售和竞争力，原本只满足正常使用的产品，就有了不同的设计。

有的公司希望自己产品的包装与众不同，更有品牌感，就有了平面设计；有的公司希望自己的产品使用起来更舒服、更有效率，就有了工业设计……但是回归到本质，与艺术不同，设计一定要尽量让大部分用户接受，从而更好地解决问题。

平面设计，就是解决如何更好地把信息传达给别人的问题。

交互设计，就是解决人如何更好地使用某个软件的问题。

室内设计，就是解决人如何更好地在这个空间生活的问题。

……

每一种设计，都是为了解决某种需求。这是设计产生的来源，也是设计的本质。

## 二 用设计师的眼光看海报

明白什么是设计以后，就要开始进一步做设计。在此之前，我们先要学会观察。我们都听过一句话：外行看热闹，内行看门道。这个门道指的就是内行人看东西的视角，它是内行人通过无数经验、案例、知识总结出来的、看待某件东西的方法，也是最行之有效的学习捷径。

所以要快速学会某样技巧，就要先学会内行人是怎么看的。

那么如何以设计师的视角看一张海报？一般来说，无论是人物海报、电商海报还是其他各个类型的海报，我们都会把它分成 3 层：**信息层、图片层和背景层**，如图 21-1 所示。

图21-1　海报3层图示

## 看信息层

信息层，顾名思义包含的都是一些文字性的信息。用图 21-1 所示微课的海报举例，一般都是课程的时间、主标题、副标题、人物介绍，还有相关引导文案等。在电商海报中，可能还会有一些价格、产品介绍和优惠信息这样的文字出现。

可见，在信息层中，需要展现的信息很多。所以在设计信息层时，我们需要注意以下这些方面。

### ❶ 注意展现信息的逻辑

因为有些海报可能需要展示很多的信息，所以在填充信息层内容时，我们需要理解信息的逻辑结构，避免用户在看到海报时因过多且杂乱的信息内容造成不良的观感。

为了展示的信息逻辑顺畅，需要思考：想要让用户知道哪些信息？哪些信息是重点？哪些信息与哪些信息是相关的？通过什么样的形式让它们显得更有条理？根据这些问题进行梳理，再一一填写，做成海报的信息层。

这样有条理的信息，可以让用户在短时间内不必太认真地阅读，就知道你想通过海报表达的内容。设计里面经常提到的排版四原则（对比、重复、对齐、亲密性）就是在完成这样一些工作。

## ② 注意不要随便乱用字体

海报中所有的字体必须是清晰可辨的，如果用户不能看清楚海报中的字，那么再好看的海报也是没有意义的。另外，不要用太多种类的字体，多种字体的混杂会让海报看起来比较支离破碎、显得草率。字体最好不要超过三种。

## ③ 注意文字的尺寸

文字的大小对整张海报设计的排版和页面效果都有很大的作用，也能帮助海报划分重点。首先，最小的字体尺寸不要太小，否则会影响阅读。比如要在朋友圈展现的海报通常是 1242 像素 x2208 像素的全屏海报，其字体尺寸最好不要小于 40 像素。其次，需要引人注目的部分，比如标题与副标题，需使用较正文更大的字号，字体大小适宜，海报整体结构看起来就比较清楚，显得详略得当。

图 21-2 所示是依照上述 3 种方法对海报信息层做出的修改，左边为原图，右边为修改之后的图，我们发现，经过了简单的处理，海报的整体观感都得到了提升。

图21-2　信息层修改效果示意图

## 看图片层

图片层里的内容一般分为两部分，一部分是主体的图片，另一部分是具有装饰效果的素材。

## 1 注意人物素材对图片的影响

先说主体图片：微课分享或者是演唱会之类的海报，里面大部分都是以人物作为主体；如果是电商海报，里面则大部分是产品。

但需要说明的是，不管是什么海报，人物的素材都是比较重要的。因为我们作为人类，在进化的过程中，于大脑皮层里形成了一个名为梭形脸部区的区域，它会引导我们首先关注到人脸，这是我们的本能。也就是说，有人脸的海报会优先吸引我们的注意力。

如果我们设计的海报是以人脸作为主题，那还需注意人物眼神对用户产生的影响。就像很多人认为魔术师的手很快一样，但手的速度其实快不过眼睛，而魔术照样能逃过观众的视线就是因为魔术中被叫作“misdirection”（中文翻译过来为错误引导）的专业技巧。魔术师利用它将观众的注意力转移到他想让人看的地方，而海报中人物的眼神就有类似的效果。一般人物素材的视线看向哪里，用户的眼睛就会看向那里，人物素材看向用户，就会让海报与用户产生一个情感上的连接，无形中增加信任度。图 21-3 所示的图片就是利用了人物视线的引导作用。

图21-3　人物视线的引导

## 2 用装饰性的图片来提升海报的风格

图片层中的另一部分就是装饰性的图片，用以调节整个海报的气氛，如中国风的海报，就可能用毛笔的墨迹、山水、云纹等与中国风相关的图案来当作装饰。再比如一些需要体现自然清新的海报，就可能会用一些绿色的叶子作为点缀。

图 21-4 所示为两份邀请函，可以看出不同风格采取了不同的图片作为装饰：第一张添加了树叶，第二张则是飘带，两幅海报都十分协调美观。

图21-4　增加装饰的海报

树叶、飘带等都属于装饰性的图片，它对整个海报风格会起到辅助作用，增加海报的美感与趣味性。

## 看背景层

最后是背景层，在背景层里面需要注意的是：背景千万不要杂乱，不要干扰到前面两层要传达的信息。背景颜色杂乱、背景色与文字色相近等都是比较忌讳的，这类问题会给用户的阅读造成困难，直接导致海报想要传达出去的信息受到影响。同时要记住图片背景不能拉伸。

此外，还需要注意的是，为了展现比较高的海报品质，请务必选择高清图片。比如旅行产品的海报设计，一般这种海报的背景都是由风景图片所体现的，为了给用户良好的欣赏体验，图片背景一定要高清。

综上所述，看信息层时，要注意文字展现的效果，比如信息有重点，逻辑清晰等；看图片层时，要注意主体图片对用户产生的引导作用，适当增添简洁的装饰；看背景层时，要注意避免因杂乱而影响前面两层的信息。

了解了以上知识后，我们在做海报设计时，就可以像是做填空题一样，把每层需要的东西放进去，再按照自己的创意排好结构，最后完善好细节，就可以做成一张合格美观的海报图片了。

# 三 衡量海报质量的标准

能不能有效地把信息传达给用户是海报的一个品质评判标准，而要做到这点，需要满足几个核心要素，分别是符合场景、容易理解、加深记忆和引导行动。

**▶ 符合场景** 符合场景指海报的整个设计需要根据其适用的场景来定，比如苹果手机的海报和超市促销的海报就是完全不一样的，因为海报所针对用户的背景、经历、文化、期待都不一样，应用场景大不相同，所以整个海报的风格和内容自然有所差异。

场景还决定了海报怎么做、什么尺寸、什么颜色模式、需要注意什么等。不符合适用场景就可能出现需要一个线下张贴的海报却做出一个手机海报尺寸的现象。所以，一个合格的海报一定要符合其应用场景，这样才能做出最合适的设计。

**▶ 容易理解** 容易理解就是说海报要具有可读性。人的眼睛并不是来读信息的，它只是大脑的信息获取设备，但是我们的大脑在一定时间内接受的信息是有限的，有重点、有逻辑、有规律、被规划好的信息，更容易被大脑接收。根据统计，人脑每秒钟大概处理 400 亿条信息，但是只有 40 条是有意识加工的，因此，我们要把海报内容做得容易被大脑理解。

如果你是一位设计师，切忌一次性给用户提供太多信息，因为如果海报上密密麻麻全是字，用户想要找点信息都很难，就更别提能快速理解了。

**▶ 加深记忆** 加深记忆简单来说就是让人记得住。无论我们做的是妙趣横生的创意，是炙热大胆的配色，还是别出心裁的文案，都是为了让用户记住你，加深他对你的印象，最终打动他。比如脑白金电视广告的大量重复一样，如果有人提到“今年过节不收礼……”，大部分的人脑海中就会浮起“收礼只收脑白金”这样一句广告词，脑白金加深用户记忆的效果就达到了。

海报既然是商家用来博得用户关注或是给用户传达信息的载体，那么它就需要有这样加深记忆的效果。如果用户能记住海报信息，商家就相当于是接收了潜在客户，只要是在这些可能购买的用户脑中留下了记忆，那么这些信息就有很大的概率成为他们购买的引子，引导用户产生进一步的购买行为。

**▶ 引导行动** 制作海报的目的不仅仅是为了给用户进行展示，更重要的是引导用户的行动，要么让他点击购买，要么让他扫码入群等，它都是有目的的，除了文案上做引导，在设计上也是有技巧的。

留心观察就会发现，购物网站的购买按钮大部分是红色的，这是因为人类在还是类人猿的时候就对红色的圆形物体感兴趣，因为它代表着已经成熟了的果子。现在的很多节目也利用了这一点。比如某综艺节目中，6 位嘉宾被分别困在了 6 个不同的密闭房间内，每个房间内都有一个红色的按钮，最终的结果是其中 5 个人都忍不住去按了这个按钮。海报中也会加入很多这类元素潜移默化地引导用户行动起来。这个红色按钮就不自觉地承担了引导行动的功能。

而我们要做到的，就是需要通过海报中的各个元素，潜移默化地引导人们行动，这是一个合格海报的指标，也是海报信息传递的目的。

# 四
# 结合 DISC 制作海报

通过 DISC 理论，我们知道每个人都有 4 种特质，只是因为占据主导地位的特质类型不同，导致每个人的行为也不相同。在设计工作中，我们可以合理利用 DISC 理论，灵活调用好每种特质的行为特点，这样能引导我们的设计工作，帮助我们做出一份像样的海报设计作品。

## 运用 DISC 设计海报

### 1 运用 D 型特质确定海报设计目标

在进行设计时，我们可以先调动自身的 D 型特质，D 型特质的人更关注目标和结果，这也是设计开始的第一步，即确定目标用户、场景和最终期望达到的结果。

我们需要首先确立好这些标准，才能将这些标准所包括的内容转化成设计能够解决的问题。比如说要做一个在淘宝网中女性用户喜欢点击的图片，在这里，淘宝网就是目标场景，女性用户就是我们的目标用户，而我们的最终结果就是要做出一张能获得她们较高点击率的图片。那我们把这些内容转化成设计能解决的问题就是：

在淘宝上一个符合标准的图片尺寸是多少？

在淘宝上女性群体喜欢的图片是什么样的？

在淘宝上什么样的排版和配色能增加点击率？

这就是 D 型特质的作用。

### ❷ 运用 I 型特质提升海报的表现力

I 型特质是一种善于描述和营造体验为主的特质，应用它，最主要的作用就是在于提升整个作品的表现力。

怎样表达你的创意让别人更容易记住你？怎样应用热情奔放的配色？如何写一条吸引别人的文案……这些都是在设计里能应用到 I 型特质的地方。

### ❸ 运用 C 型特质展示海报逻辑

C 型特质的特点是注重逻辑，这个特质对设计更为重要。一方面，设计是解决问题的方法，所以当你展现一份设计作品的时候，必然是应该有所依据的；另外一方面则是因为我们的大脑是喜欢有逻辑、有规律和方便理解的信息的，所以在分析需求，展现清晰、有逻辑的信息时，需要应用到的就是 C 型特质。

### ❹ 运用 S 型特质做好海报细节

S 型特质的人是支持者的角色，对于设计来说，S 型特质就是注重细节，小到 1 个像素的差错，大到整个流程体验，都会用到 S 型特质。尤其在交互设计里面有个重要的概念叫同理心，这个概念就是要站在别人的角度思考问题，这就是 S 型特质在设计时很好的应用。

总结得出，对于结合 DISC 设计海报而言，最佳的设计路径就是首先运用 D 型特质确定目标和场景，然后运用 I 型特质处理图片素材，接着使用 C 型特质来排列文案、区分重点，最后用 S 型特质修饰完善细节。

## 运用 DISC 优化海报

以上是关于海报的一个整体构想设计，结合 DISC，我们可以通过 4 个步骤来继续优化海报。

第 1 步，使用性格中的 D 型特质，确认海报的现状与目标要求的差距，确定优化方案。

因为我们是进行海报优化，所以素材可以直接在已有的海报里提取（如果是从零开始制作，素材则需要自己搜集和整理）。首先需要确认需要优化到哪种程度，再将其设计转化成相应的场景。

举个例子，我们确定的目标是将一张计算机网页的大海报做成在朋友圈传播的微课海报，那么接下来我们就要把它转化成设计能够解决的问题，对应朋友圈这个场景。

应该要将其设定为朋友圈的海报参数：1242 像素 ×2208 像素，分辨率 72，颜色模式为 RGB；然后确认移动端文字的限制，即最小不要小于 40 像素；最后为了让图片在朋友圈中快速传播，需要添加引导分享的机制。

第 2 步，应用 I 型特质，提升海报的表现力。

如果这张海报要突显人物素材，那么就需要抠图、变换背景。应用深色背景能够很好地突显人物素材。如果想让背景显得不那么单调，就可以额外添加装饰性素材、文字底纹。如果想让人物与背景显得比较和谐，可以给人物增加阴影，这样就可以让人物更好地融入背景中。

通过上面两种特质的发挥，背景层和图片层就可以搞定了。

第 3 步，应用 C 型特质，提升整张海报的逻辑。

我们继续将目标转化成设计能解决的问题。比如整个海报要呈现的信息重点和排序可以划分为标题、时间、人物介绍和引导文案。如果想在海报中突显重点，可以改变配色，应用黄色和黑色吸引注意力，并且放大字体。如果想要让版面显得更清晰，就应避免使用过多的字体和颜色。这些问题的确定和解决能让我们展示的海报结构清晰、信息更有重点与逻辑。

第 4 步，应用 S 型特质，检查所有的细节。

我们需要检查优化后的海报中的信息是否都对齐，检查版面的中心是否平衡等。版面十分重要，用户在阅读信息层的内容前，应先注意排版，这也是整个海报给人的第一印象。这一步完成之后，这个海报的优化工作就完成了。

读完本文你会发现，海报设计其实并不难，当你对上面讲的知识融会贯通后，相信你一定能做出一张满意的优秀海报。

## DISC+经典

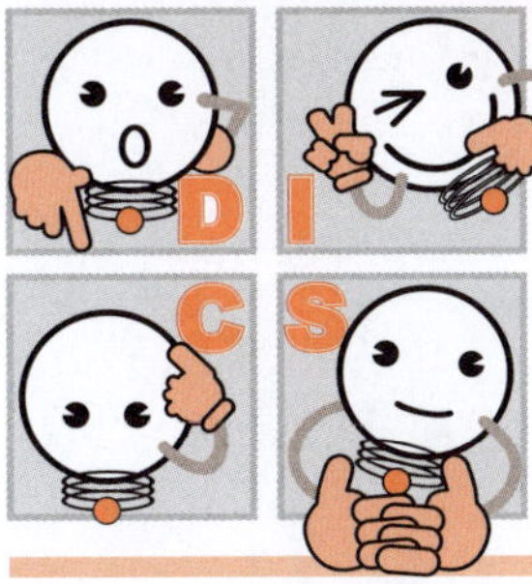

设计不同于艺术，艺术大部分是在表达自己，而设计是在表达并解决别人的需求。